cooking at home 03
SALAD

KB026628

t

김유림

〈바람의 화원〉, 〈사임당 빛의 일기〉, 〈푸른 바다의 전설〉 등의 드라마와 〈까사리
빙〉, 〈메종〉, 〈올리브매거진코리아〉, 〈F매거진〉 등의 잡지, 삼성 오븐, 돌코리아 등
에서 요리 수업과 강의를 했다. 또한 브랜드 메뉴 컨설팅 등을 겸하며 스튜디오
'맘스웨이팅'을 운영하기도 했다. 2019년 제주로 내려와 아틀리에 카페 '달링하버
제주'를 열고 요리 수업과 커뮤니티 공간을 만들기 위해 준비 중이다. 저서로《헬
로, 리본》과《베지터블》이 있다.

SALAD

샐러드

비밀 드레싱을 곁들인 83가지 요리법

김유림 지음

taste BOOKS

Prologue

아빠는 자주 "너는 엄마랑 정말 닮았어."라고 말씀하셨습니다. 한 해가 지날수록 그 말이 이해가 됩니다. 엄마는 대장부 같은 성격이지만 도자기, 꽃꽂이를 좋아하는 여성스러운 면이 있습니다. 요리를 하고 예쁜 그릇에 음식을 담는 것을 좋아하시던 모습이 아직도 생생합니다. 엄마가 만들어 주셨던 햄버그스테이크는 여전히 저의 소울푸드입니다. 소풍 갈 때 싸 주셨던 김밥은 제 몫이 없을 정도로 인기였습니다. 예쁜 그릇에, 예쁜 음식을 담는 것을 좋아하는 저는 분명 엄마를 닮았습니다.

저는 외국에서 요리학교를 다니지 않은 푸드스타일리스트입니다. 아이가 초등학교에 들어갔을 때 뒤늦게 푸드스타일링을 공부했고 늦깎이 스타일리스트로 일을 시작했습니다. 저보다 어렸던 선생님께 음식에 대한 개념을 배우며 요리와 파티 음식, 그리고 푸드스타일링을 배웠습니다. 광고, 지면, 방송, 케이터링 등 선생님을 따라 많은 현장을 다녔습니다. 그러다 선생님의 추천으로 제 이름을 걸고 일을 시작한 것이 어느덧 20년 가까이 되었네요. 그동안 참 많은 일이 있었습니다. 수없이 '포기'라는 단어를 떠올리기도 했지만 한 가지 분명한 것은 힘든 일이 지나고 나면 달콤한 보람을 맛볼 수 있다는 것이었습니다.

몇 군데의 작업실을 거쳐 지금은 제주에 내려와 터를 잡았습니다. 제주에서 새롭게 시작할 무렵 요리책 출간 제안을 받았습니다. 책을 내는 것이 결코 쉬운 일이 아님을 알고 있지만 다시 그 달콤한 보람과 성취감을 느끼고 싶었습니다. 밤마다 수많은 고민을 하고 레시피를 만들고 촬영을 하는 시간은 무척 빠르게 흘러갔습니다. 바쁜 중에도《샐러드》가 전하고자 하는 메시지를 계속 고민했습니다. 무수히 많은 요리책 사이에서 친절하고 상세하게, 찬찬히 알려준다는 '쿠킹앳홈cooking at home'의 슬로건이 바로 이 책의 가장 중요한 점입니다. 샐러드 책은 이미 흔하지만 그 매력에 대해 다시금 알리고 싶어서 책 속에 어릴 적 엄마가 만든 샐러드부터 푸드스타일링을 하며 만든 샐러드, 그리고 새롭게 메뉴를 개발한 샐러드 등을 다양하게 담았습니다.

저는 유명한 셰프는 아니지만 요리를 사랑하는 마음으로, 그동안의 경험을 바탕으로 메뉴를 개발했습니다. 한끼 식사로 충분한 샐러드, 파티

요리나 손님 접대에 좋은 샐러드, 아이들 간식과 다이어트로 즐길 수 있는 샐러드 등 자신 있게 준비한 만큼 누구나 쉽게 만들고 자주 찾게 되는 가이드가 되었으면 합니다.

책을 준비하면서 그 어느 해보다 뜨거운 여름을 보냈고, 이제 어느덧 가을입니다. 식재료가 풍성한 이 계절,《샐러드》가 제안하는 특별한 메뉴와 함께 건강하고 신선한 샐러드 라이프를 즐기시길 바랍니다. 마지막으로 제주에서 힘든 촬영을 함께해준 스태프들에게 감사의 마음을 전하고 싶습니다.

Contents

Part1 요리하기 전

Part1_ 요리하기 전

요리를 시작하기 전에 샐러드의 종류,
사용하는 도구, 재료의 손질법 등을 알아봅니다.
남은 샐러드를 또 하나의 메뉴로 활용할 수 있는
방법 또한 무척 유용할 것입니다.

샐러드 알기

샐러드를 만들기 전, 알아두면 좋은 것들을 소개합니다. 샐러드의 종류, 적당한 양, 만드는 순서 등을 알면 샐러드를 좀 더 쉽게, 좀 더 완벽하게 완성할 수 있습니다.

샐러드의 종류

샐러드는 라틴어 'sal(소금)'에서 유래된 단어로 그리스·로마시대에 생겼다고 추정된다. 처음에는 고기에 곁들이는 채소에 소금을 뿌려서 먹는 정도였고 드레싱이 발달하면서 여러 가지 계절 채소와 허브, 고기 등을 활용하게 되었다. 현재는 굽거나 데치거나 양념장에 버무리는 나물까지 샐러드의 범주 안에 들어간다. 일반적으로 채소만을 샐러드라고 생각하지만 고기, 해물, 과일 등의 재료를 골고루 섞은 뒤 드레싱을 뿌려 먹는 모든 음식을 포함한다. 다양한 재료와 어우러져 영양의 균형을 잡아주는 샐러드는 '메인 요리에 함께 나오는 채소'가 아니라 영양이 가득하고 든든한 하나의 메뉴라 할 수 있겠다.

콜드샐러드

샐러드에 들어가는 모든 재료를 차갑게 먹는 샐러드. 재료를 날것으로 먹거나 익힌 뒤 차갑게 보관해서 먹는다. 아삭하고 신선한 느낌이 좋은 샐러드다.

핫샐러드

따뜻하게 먹는 샐러드로 재료의 식감을 살릴 수 있도록 삶고, 굽고, 데치는 등 다양한 조리법을 활용한다. 차가운 샐러드에 길들여져 있다면 핫샐러드에도 도전해보자. 몸을 따뜻하게 만들어준다.

즉석샐러드

빠르게 만들어 바로 먹을 수 있는 샐러드다. 좋아하는 드레싱 몇 가지를 미리 만들어두면 채소나 과일, 심지어 무침도 빠른 시간에 건강하고 맛있게 만들 수 있다.

저장샐러드

만들고 나서도 며칠 동안 저장해서 먹을 수 있는 샐러드로 절임, 무침 등으로 만들어 냉장 보관한다. 밑반찬처럼 두고 먹을 수 있다.

메인샐러드

식사로도 부족함이 없는 든든한 샐러드로 육류나 생선, 해물 등의 재료를 사용하거나 포만감이 있는 채소를 활용한다. 영양분이 충분하고 푸짐해서 메인 요리로도 좋다.

사이드샐러드

메인 요리와 함께 먹을 수 있는 샐러드를 말한다. 우리가 가니시garnish라고 부르는 것도 사이드샐러드의 일종이다. 육류와 함께 먹기 좋은 코울슬로, 살사 등을 사이드샐러드라 한다.

콜드샐러드

즉석샐러드

저장샐러드

메인샐러드

핫샐러드

사이드샐러드

적당한 양

식사로 먹을 때

샐러드를 한끼 식사로 먹을 때는 1인분에 170~
200g 정도가 적당하다. 채소와 다른 재료를 함
께 사용한다면 채소의 양은 70g, 다른 재료는
100~130g 정도로 준비한다.

사이드로 먹을 때

고기, 해물 등 메인 요리에 곁들이는 간단한 샐러
드를 만든다면 1인분에 50g 정도가 적당하다. 잎
채소의 무게를 계량하는 것이 번거롭다면 손으
로 가볍게 잡히는 한 줌 정도를 준비하면 된다. 잎
채소를 활용해 생으로 먹거나 단단한 채소로 절
임을 만드는 경우가 많다.

맛있게 만드는 법

샐러드의 기본

1. **드레싱 만들기**   드레싱을 먼저 만든다. 조리하는 동안 드레싱이 숙성되면서 맛이 더 풍부해진다.
2. **잎채소 손질하기**   잎채소는 사용할 만큼만 준비해서 흐르는 물에 깨끗하게 씻는다.
3. **얼음물에 담그기**   씻은 잎채소는 얼음물이나 차가운 물에 10분 정도 담가둔다. 색깔이 선명해지며
   잎이 살아나 훨씬 아삭해진다.
4. **물기 빼기**   샐러드스피너(채소 탈수기)를 이용해 채소의 물기를 제거한다. 샐러드스피너가 없다면 키
   친타월에 올린 뒤 톡톡 두드리며 물기를 제거한다.
5. **섞거나 버무리기**   물기를 제거한 잎채소를 그릇에 담고 드레싱을 넣어 살살 버무린다. 단, 핫샐러드는
   중간에 드레싱을 붓고 볶아서 샐러드에 맛을 입혀주어야 한다.
6. **토핑 올리기**   견과류, 크루통, 허브 등의 토핑이나 장식용 재료는 마지막에 올린다.

빨리 만들기 위한 팁

샐러드를 빨리 만들기 위해서 가장 중요한 것은 드레싱이다. 드레싱은 30분 또는 그 이상 숙성해서 먹는 것이 훨씬 맛있기 때문에 미리 만들어서 실온 또는 냉장고에 보관한다. 그다음 샐러드에 넣을 재료를 손질하는데 고기나 생선부터 시작한다. 고기나 생선 등은 밑간을 하는데 시간이 걸리기 때문이다. 다음으로 채소를 다듬고 아삭한 식감을 위해 물에 담가둔다. 이때 나머지 재료를 볶거나 구우면 된다. 조리한 재료를 식히는 시간에 채소의 물기를 빼고 나머지 재료와 드레싱을 곁들이면 시간 낭비 없이 효율적으로 요리할 수 있다.

샐러드와 채소 보관법

채소를 미리 손질했다면 지퍼백이나 비닐팩에 담아 공기가 들어가지 않도록 밀봉하고 먹기 직전에 드레싱을 곁들인다. 절임용으로 만든 마리네이드샐러드는 밀폐 용기나 병에 담아 보관하고 한 번씩 꺼내어 뒤집어준다. 고기를 넣은 샐러드는 주로 볶아서 사용하는데 놔두면 지방이 있어서 굳어버린다. 그러므로 고기를 따로 보관하고 먹기 직전 다시 한 번 볶아 먹는 것이 좋다. 오래 두고 먹는 저장샐러드는 보관할 병을 꼭 소독해야 하며 덜어 먹을 때는 사용하지 않은 도구로 덜어야 상하는 것을 방지할 수 있다. 핫샐러드는 충분하게 식힌 뒤 냉장 보관한다. 샐러드뿐만 아니라 모든 볶음 요리에 해당된다.

재료 알기

샐러드를 맛있게 만들기 위해서는 우선 재료를 이해해야 합니다. 샐러드에 사용하는 잎채소와 허브의 보관 방법과 손질법을 알아보세요.

잎채소와 허브

잎채소는 샐러드에 빠지지 않는 중요한 재료다. 부드러운 새싹부터 억센 쌈채소까지 종류도 무척 다양하다. 잎채소는 지저분한 부분을 떼어낸 뒤 흐르는 물에 한 장씩 씻고 찬물에 담가 아삭하게 만든 뒤 물기를 제거한다. 허브는 잎이 약하므로 흐르는 물에 씻은 뒤 키친타월로 물기를 제거하고 바로 사용한다. 보관할 때는 물기가 있는 키친타월로 허브를 감싸고 팽팽하게 공기를 넣은 비닐팩이나 밀폐 용기에 담아 냉장 보관하면 5~6일 정도는 먹을 수 있다.

치커리

치커리는 생각보다 다양하다. 라디치오, 엔다이브도 치커리의 일종이다. 종류에 따라 차이가 있지만 대부분 약간 쌉싸름한 맛이 있다. 생으로 샐러드에 넣으면 입맛을 돋워준다. 흐르는 물에 씻으면서 뿌리 부분을 정리하고 신문지에 싸서 비닐팩에 담은 뒤 냉장 보관한다.

고수

동양, 서양을 막론하고 즐겨 사용하는 허브 중 하나다. 원산지는 지중해연안으로, 향신료, 조미료로 주로 사용한다. 향이 무척 풍부하여 잡내 제거에 탁월하다. 고기, 해산물, 생선 요리 등에 다양하게 활용한다. 줄기와 잎을 모두 먹는데 다지거나 잘게 뜯어서 샐러드에 넣으면 풍부한 맛과 향을 준다. 최근에는 고수 자체를 샐러드 채소로 바로 먹기도 한다. 수분에 약하기 때문에 남은 것은 물기를 제거하고 키친타월에 싸서 냉장 보관하거나 다진 뒤 밀폐 용기에 담아 냉동 보관한다.

엔다이브

한입에 쏙 들어가는 크기라 주로 핑거푸드나 카나페로 활용한다. 녹색 잎의 엔다이브는 쓴맛이 강해서 샐러드로 사용할 때는 잎이 노란 것을 선택한다. 흐르는 물에 씻은 뒤 밑동을 칼로 제거하고 잎을 떼서 사용한다. 잎을 하나씩 떼서 사용하거나 칼로 먹기 좋게 잘라서 샐러드에 넣는다.

엔다이브

치커리

고수

양상추

어린잎 채소

시금치

버터헤드레터스

새싹 채소

루콜라

로메인

라디치오

양상추

양상추는 생으로 먹기 좋아서 샐러드에 중요한 역할을 한다. 잎이 물결모양과 비슷하고 부드러워서 샐러드나 샌드위치, 햄버거 속재료로 빠지지 않는다. 한 잎씩 떼어 흐르는 물에 씻은 뒤 찬물에 담가두면 아삭하게 즐길 수 있다.

어린잎 채소

채소가 부드러울 때 잎 부분을 수확한 것이다. 건강식 또는 생식이나 샐러드를 만들 때 즐겨 사용한다. 어느 음식에나 잘 어울리지만 단점은 잎이 작고 연해서 빨리 무른다는 것이다. 바로 먹는 것이 가장 좋지만 남았을 때는 어린잎 채소를 찬물에 담갔다가 건져서 물기를 뺀 뒤 밀폐 용기에 담고 키친타월을 올린 다음 스프레이로 적셔서 냉장 보관한다.

새싹 채소

발아한 뒤 1주일 안에 수확하는 채소다. 새싹 채소는 종류가 다양한데 알파파, 무순, 적무순 등이 대표적이다. 그대로 샐러드에 넣어 먹거나 토핑이나 장식으로 즐겨 사용한다. 농약을 사용하지 않고 잎이 여리기 때문에 큰 용기에 물을 담고 살살 흔들어서 씻은 뒤 먹는다.

시금치

우리나라에서는 시금치를 주로 나물이나 국거리로 사용하지만 서양에서는 샐러드에 어린 시금치를 사용한다. 드레싱에 버무려 그대로 먹거나 갈아서 페스토로 활용하기도 한다.

루콜라

이탈리아에서 많이 사용하는 채소로 잎이 우리나라 시금치와 비슷하다. 고소하지만 매운맛도 난다. 주로 피자나 파스타, 샐러드에 많이 사용되며 고기 요리와도 잘 어울린다. 흐르는 물에 흔들어 씻은 뒤 밀봉해서 냉장 보관한다.

라디치오

흰색 줄기와 보라색 잎이 음식을 돋보이게 만드는 라디치오는 유럽 치커리의 일종이다. 쌉싸름한 맛이 입맛을 돋워주어 샐러드 채소로도 즐겨 사용된다. 줄기 부분이 싱싱한 것을 고르고 잎을 한 장씩 떼서 흐르는 물에 씻은 뒤 키친타월로 싸서 비닐팩에 담아 냉장 보관한다.

로메인

상추의 일종이다. 로마인들이 즐겨 먹던 상추라 '로메인'이라 부른다. 적로메인, 청로메인, 미니로메인 세 가지를 주로 먹으며 고소하고 아삭해서 포기째 샐러드로 사용하기도 한다. 시저샐러드를 만들 때 필수 재료이며 잎이 부드러워 쌈채소로도 먹고 비빔밥이나 샌드위치에도 활용된다. 흐르는 물에 씻어 물기를 털고 키친타월에 감싼 뒤 비닐팩에 넣어 냉장 보관한다. 씻지 않은 로메인은 신문지나 키친타월에 감싼 뒤 비닐팩에 담아 냉장 보관한다.

버터헤드레터스

주로 유럽에서 재배되는 채소로 통상추, 반결구상추라고도 한다. 양상추처럼 잎 모양이 구불거리지 않으며 수분이 95%를 차지해 맛이 부드럽고 샐러드에 잘 어울린다. 햄버거나 샌드위치 등에도 사용한다. 잎을 떼서 흐르는 물에 씻은 뒤 키친타월에 싸서 비닐팩에 넣어 냉장 보관한다.

단단한 채소

단단한 채소는 뿌리채소와 열매채소, 줄기채소 등으로 나뉜다. 뿌리채소는 뿌리에 영양분을 저장해 다른 식물보다 굵어진 채소를 말한다. 고구마, 우엉, 무, 당근은 열매가 아니라 뿌리를 먹는다. 열매를 먹는 열매채소는 오이, 호박, 가지, 고추 등이며 감자, 양파, 연근은 줄기채소다. 참외, 수박, 토마토, 멜론 등은 과채류라 한다. 뿌리채소는 흙을 털어내고 신문지에 싼 뒤 그늘진 곳에 보관하는 것이 좋고 열매채소는 씻지 않고 냉장 보관한다. 뿌리나 줄기채소는 익히거나 굽는 조리 과정이 필요하기 때문에 주로 핫샐러드로 활용한다.

단호박

죽, 수프 등으로 만들어도 좋지만 쪄서 으깨거나 잘라서 구워 먹는 등 샐러드로 활용하기에도 좋은 재료다. 색깔이 진하고 내용이 단단하고 무거운 것이 좋고 서늘한 곳에 보관해야 한다. 꼭지를 아래로 두고 물을 충분히 적신 키친타월을 덮은 뒤 전자레인지에서 3~5분 정도 익힌다. 꺼내서 반으로 갈라 숟가락으로 씨를 살살 긁어내면 요리하기가 편하다.

오이

비타민C, 철분, 마그네슘 등이 풍부한 오이는 샐러드로 먹을 때 레몬즙이나 식초를 뿌리면 부족한 산성까지 섭취할 수 있어서 좋다. 오이는 주로 생으로 먹으므로 단단하며 너무 굵지 않고 꼭지가 싱싱하고 모양이 곧은 것을 고른다. 굵은 소금으로 껍질을 문질러 흐르는 물에 씻고 헹군 뒤 키친타월이나 랩으로 하나씩 싸서 냉장 보관한다.

당근

당근은 기름에 볶으면 비타민 흡수율이 더 높아진다. 샐러드에는 생으로 사용하거나 익혀서 활용한다. 다지거나 익혀서 으깬 뒤 드레싱에 넣어도 좋다. 씻은 당근은 물기를 제거하고 비닐팩에 담아 냉장 보관하고 씻지 않은 당근은 그대로 신문지에 싸서 그늘지고 서늘한 곳에 보관한다.

가지

서양에서는 가지를 오븐이나 팬에 구워서 샐러드에 넣어 먹는다. 요즘에는 소금에 절인 뒤 생으로 먹는 경우도 있다. 가지는 기름에 볶으면 리놀산과 비타민E의 흡수율이 높아져 영양이 더욱 풍부해진다. 모양이 곧고 윤기가 나며 신선한 것을 고른다. 꼭지만 제거하고 껍질째 먹는 채소이기 때문에 깨끗하게 세척한 뒤 실온에서 보관한다.

아보카도

껍질이 진한 녹색을 띠며 단단한 것을 고르고 실온에서 후숙해서 사용한다. 생으로 먹는 것이 좋지만 맛이 익숙하지 않다면 과카몰리처럼 으깨서 다른 채소들과 섞어 먹어도 맛있다. 다지거나 으깨어 딥소스로 활용해도 좋다.

고구마

주로 삶아서 으깬 뒤 샐러드로 먹는데 생으로 먹어도 맛있다. 포만감이 있어서 식사 대용 샐러드를 만들 때 활용하면 좋다. 표면이 매끄럽고 모양이 곧고 단단한 것을 고른다. 씻어서 물기를 제거한 뒤 키친타월로 두세 개씩 싸서 통풍이 잘되는 어두운 곳에 보관한다.

단호박

오이

당근

가지

알감자

브로콜리

샬롯

고구마

토마토

방울양배추

아보카도

애호박

적양파

파프리카

고추

샬롯

양파보다 단맛이 강하고 단단하다. 생으로 먹거나 구워 먹기도 하고 피클 등 절임으로도 활용한다. 껍질을 벗겨 깨끗하게 씻은 뒤 밀폐 용기에 담아 냉장 보관한다. 껍질을 까지 않은 것은 서늘하고 통풍이 잘되는 곳에 두면 6개월 정도 장기 보관할 수 있다.

브로콜리

살짝 데치거나 익혀서 아삭하게 먹어야 맛있다. 송이가 단단하고 봉긋하게 올라와 있는 것이 신선하다. 브로콜리는 코팅이 되어 있어 세척이 매우 중요하다. 베이킹소다로 씻은 뒤 끓는 물에 10초 정도 건져 흐르는 물에 씻는다.

알감자

크기가 작고 포만감이 있어서 샐러드에 자주 사용한다. 핫샐러드로 즐겨도 맛있으며 식사 대용으로도 충분하다. 깨끗이 씻어서 껍질째 조리하면 된다. 서늘하고 통풍이 잘되는 곳에서 보관한다. 냉장고에서 보관하면 감자의 맛이 떨어진다.

양배추

방울양배추, 적양배추, 고깔양배추 등 종류가 다양하다. 채 썰어 드레싱만 뿌려도 훌륭한 샐러드가 된다. 겉잎을 뜯어내고 베이킹소다를 탄 물에 담가 두었다 흐르는 물에 씻어내는 과정을 두 번 정도 거쳐야 농약이 제거된다. 심지 부분을 잘라내고 그 자리에 젖은 키친타월을 채운 뒤 랩으로 싸서 냉장 보관한다.

적양파

적양파는 색이 예쁘고 매운맛이 강하지 않아서 생으로 먹는 샐러드에 적합하다. 익힐수록 단맛이 강해지므로 살짝 볶아서 아삭하게 즐겨도 좋다. 껍질이 선명하고 단단하며 무게감이 있는 것을 고른다. 남은 적양파는 물기를 제거하고 밀폐 용기에 넣어 냉장 보관하며 껍질을 벗기지 않은 것은 망에 담아 통풍이 잘되는 곳에 걸어서 보관한다.

토마토

토마토는 열을 가하면 영양분이 더 풍부해져서 굽거나 끓는 물에 데쳐 껍질을 제거하고 먹는다. 생것 그대로 먹거나 갈아서 소스나 드레싱에 활용해도 좋다. 꼭지를 아래로 향하게 한 뒤 밀폐 용기나 비닐팩에 담아 냉장 보관한다.

호박

샐러드에는 주로 애호박, 주키니, 단호박을 사용한다. 핫샐러드와 잘 어울리고 애호박은 볶거나 무쳐서, 주키니는 면처럼 만들어 파스타샐러드로, 단호박은 찌거나 삶고, 튀기거나 구워서 다양한 샐러드를 만든다.

고추

꽈리고추, 풋고추, 청양고추, 홍고추, 아삭이고추 등 다양한 종류의 고추를 샐러드에 활용해 보자. 매운맛을 내거나 아삭하고 신선한 맛을 낼 때 주로 사용한다. 드레싱에 다져 넣으면 맛이 더욱 풍부하고 깊어진다. 튀기거나 다져서 토핑으로 올려도 좋다.

파프리카

피망보다 껍질이 두껍고 단단하며 수분이 많고 단맛이 있어서 샐러드에 적합하다. 색깔별로 영양과 성분이 다르므로 다양한 색을 골고루 사용해도 좋다. 겉면이 단단하고 윤기가 나는 것이 신선하다. 반으로 갈라 씨를 제거하고 자르거나 꼭지를 잡아서 안으로 밀어 넣고 돌리면서 뺀 뒤 모양대로 자른다.

부재료

채소와 더불어 고기, 해물, 곡물, 과일 등도 샐러드의 훌륭한 재료가 된다. 이 재료들은 단독으로, 또는 채소와 함께 어떻게 조리하느냐에 따라 식감과 풍미가 완전히 달라진다. 단단한 채소와 잘 어울리는 고기, 식감이 좋은 채소와 어울리는 해물, 영양이 많은 콩과 곡물, 달콤함과 상큼함으로 입맛을 돋우는 과일 등으로 다채로운 샐러드를 완성해보자.

곡물

곡물로 샐러드를 만드는 것이 낯설 수 있지만 건강하고 든든한 한끼 식사로 훌륭한 선택이다. 깨끗하게 씻은 뒤 한두 시간 불려서 익히는데 평소 밥을 지을 때보다 물을 적게 넣어서 고슬고슬하게 만드는 것이 좋다. 현미, 흑미 등은 고소한 맛을 더해주어 채소와 함께 샐러드로 먹기에 제격이다.

특수 곡물

슈퍼푸드로 유명한 퀴노아, 쿠스쿠스 등은 샐러드로도 즐겨 사용된다. 퀴노아는 나트륨과 글루텐이 거의 없어 알레르기가 유발되지 않으며 단백질도 풍부하다. 밥처럼 지어서 먹는다. 쿠스쿠스는 냄비에 물을 넉넉하게 넣고 끓인다. 서로 다른 식감과 질감의 재료와 함께 샐러드로 만들어도 좋다.

버섯

다양한 종류의 버섯은 샐러드 인기 재료다. 양송이버섯, 표고버섯, 느타리버섯, 팽이버섯 등은 샐러드에 특히 많이 사용한다. 무르지 않도록 살짝만 익히면 쫀득한 식감을 즐길 수 있다. 버섯은 금방 물러지므로 구입 후 빨리 먹어야 하며 키친타월에 싸서 냉장 보관한다.

과일

샐러드에 넣으면 신선함이 배가되는 과일은 단독으로 샐러드를 만들어도 좋고 다른 재료와 함께 사용해도 좋다. 귤, 자몽, 레몬, 오렌지 등의 시트러스 계열 과일은 새콤하고 달콤해서 드레싱으로 만들기에도 적당하다. 고기나 해물에 곁들이면 잡내를 제거해주고 입맛을 돋워준다. 말려서 토핑으로 활용해도 맛있다.

특수곡물

버섯

곡물

과일

콩

가공육

고기

해산물

콩

채소와 함께 가장 흔하게 사용하는 샐러드 재료다. 병아리콩, 렌틸콩, 강낭콩, 완두콩 등 다양한 콩을 넣은 샐러드가 최근 인기다. 주로 삶거나 볶아서 사용하며 단백질이 풍부해 영양적인 측면에서도 좋은 재료다. 익힌 뒤 갈아서 딥이나 소스로 활용하기도 한다.

가공육

굽거나 생으로 간편하게 먹을 수 있어서 샐러드 단골 재료로 활용된다. 베이컨, 햄, 소시지 등이 대표적인 가공육으로 메인 재료인 동시에 토핑이나 가니시로 활용하기도 한다. 짭짤하므로 간이 강하지 않은 드레싱을 추천한다.

해산물

새우, 오징어, 문어, 조개류도 샐러드에 즐겨 사용한다. 단백질이 풍부하고 든든해서 메인 샐러드로도 손색이 없다. 해산물은 식감과 비린 맛을 잘 잡아야 실패하지 않는다. 손질을 잘해야 비린 맛을 없앨 수 있지만 드레싱의 선택도 중요하다. 향이 강한 허브, 시즈닝 등을 넣어서 만드는 드레싱과 맛이 잘 어울린다.

고기

식사 대용 샐러드나 저탄수화물 고지방 샐러드를 만들 때 빼놓을 수 없는 재료다. 단백질이 풍부하고 포만감을 주어서 다이어트 식단으로도 즐겨 먹는다. 소고기, 돼지고기, 닭고기 등 고기 종류에 따라 채소와 드레싱을 잘 선택해야 샐러드를 만들 때 실패하지 않는다. 또한 핏물과 잡내를 제거해야 보다 깔끔하게 즐길 수 있다.

┤ 토핑 ├

토핑은 샐러드에 포인트를 준다. 샐러드의 고소함을 살려주는 견과류와 토핑 재료 1순위인 치즈는 맛도 식감도 좋지만 깊은 풍미가 있어 만족감을 더한다. 본연의 맛은 유지하면서 달콤함은 배가된 말린 과일, 올리브 등 토핑 종류는 무궁무진하다.

말린 과일

과일을 말리면 당도가 올라가고 보관하기도 쉬워진다. 샐러드에 넣으면 장식 효과를 주며 식감도 색다르다. 오렌지, 귤, 자몽 등 시트러스 계열 과일을 슬라이스해서 말리면 모양도 예쁘고 크기가 적당해 장식용으로 쓰기에 더욱 좋다. 크랜베리, 무화과, 블루베리, 체리 등의 작고 단맛이 강한 과일은 토핑으로 잘 어울린다. 뜨거운 물에 살짝 담가 썰은 뒤 키친타월로 눌러 물기를 깨끗하게 닦아 사용하면 좀 더 식감이 부드럽다.

크루통

빵을 작게 잘라 오븐이나 팬에 바삭하게 구워서 만든다. 포카치아나 치아바타, 베이글 등 다양한 빵으로 만들어 토핑으로 사용한다. 곡물이나 콩이 들어가지 않는 샐러드에 넣으면 탄수화물을 보충해준다.

치즈

단백질이 부족할 수 있는 샐러드에 영양과 균형을 잡아주는 역할을 한다. 파르메산 같은 경질치즈는 단단하지만 쉽게 갈리고 잘 녹아서 토핑이나 드레싱으로 사용한다. 부피가 큰 모차렐라, 부라타 등은 그 자체로 메인샐러드의 재료가 된다. 체다, 슈레드, 모차렐라 등은 토핑으로 특히 인기다.

견과

샐러드 토핑으로 가장 즐겨 먹는 재료다. 아몬드, 피스타치오, 호두, 캐슈너트, 잣 등이 대표적이며 마른 팬이나 오븐에 살짝 구우면 더욱 바삭하다. 작게 자르거나 다져서 다른 재료와 버무려서 먹어도 좋다. 고소한 드레싱을 만들고 싶을 때 넣거나 페스토 재료로도 사용한다.

나초

치즈, 칠리 등을 올려 먹는 멕시코 음식이다. 바삭바삭해서 샐러드 토핑으로 잘 어울린다. 크림소스샐러드나 아보카도로 만든 과카몰리, 칠리소스에 곁들이면 좋다. 무게감이 있는 샐러드의 토핑과 잘 어울린다.

그래놀라

견과류나 말린 과일, 곡물 등을 설탕, 꿀, 오일 등과 섞어서 굳힌 것이다. 아침 식사 대용으로 많이 먹으며 영양이 풍부해 샐러드 재료로도 좋다. 오븐 팬에 구워서 식힌 뒤 자르면 집에서도 간단히 만들 수 있다. 과일샐러드나 요구르트 등에 토핑으로 올리면 달콤하고 고소한 맛을 더할 수 있다.

말린 과일

나초

그래놀라

올리브

크루통

치즈

선드라이드토마토

견과

타임

애플민트

바질

로즈메리

올리브

샐러드에 그대로 넣어 먹을 수 있어서 간편하다. 조금 색다르게 즐기고 싶다면 튀겨도 좋다. 갈아서 페스토, 딥 등을 만들기도 한다. 올리브의 짠맛으로 간을 맞추기도 하지만 싫어한다면 체에 밭쳐 흐르는 물에 씻어서 사용한다.

선드라이드토마토

시판하는 제품은 대부분 올리브유에 절여져 있으며 올리브유의 좋은 지방을 같이 섭취할 수 있다. 집에서는 건조기나 오븐으로 만들 수 있다. 새콤하고 깊은 맛이 특징이며 샐러드에 넣으면 밋밋한 맛에 포인트를 줄 수 있다. 그대로 먹어도 좋지만 페스토, 드레싱으로 활용해도 맛있다.

타임

향이 강해서 단독으로 먹기보다는 요리에 향을 첨가할 때 사용한다. 백리 밖에서도 향을 맡을 수 있다고 '백리향'이라고도 부른다. 레몬타임, 실버타임, 오렌지타임, 골든레몬타임 등 다양한 종류가 있다. 고기, 해물 등의 잡내를 없애고 싶을 때 넣어준다.

애플민트

사과향과 박하향이 특징인 허브로 드레싱이나 장식용으로 사용한다. 고기나 생선 요리에 넣어 산뜻함을 더하기도 한다.

바질

이탈리아 요리에 가장 많이 사용 하는 허브다. 특히 파스타에 자주 사용되는 바질페스토는 흔하게 접할 수 있다. 토마토, 모차렐라와 함께 먹는 샐러드로도 인기다. 여러 종류가 있지만 요리에 활용하기 좋은 것은 스위트바질이다.

로즈메리

쉽게 구할 수 있는 허브 중 하나로 서양 요리에서는 고기와 생선의 비린내를 잡는데 사용한다. 다른 허브와 달리 향이 강하기 때문에 샐러드 위에는 다져서 약간만 뿌리는 것이 좋다. 올리브유에 넣어 향을 내거나 마리네이드하기 적당하다.

드레싱 알기

드레싱을 다 만들었다면 샐러드를 어느 정도 완성한 것이라고 해도 과언이 아닙니다. 샐러드의 맛을 한층 업그레이드시키는 다양한 드레싱을 소개합니다.

재료와 만들기

드레싱은 '샐러드에 옷을 입힌다'는 의미를 갖고 있으며 여러 가지 재료를 조합해서 만드는 차가운 소스를 말한다. 유럽에서는 기름과 식초로 만든 드레싱을 곁들여 재료의 맛을 해치지 않는 자연스러운 샐러드를 만들고 우리나라는 된장, 고추장, 간장에 마늘, 고춧가루 등의 향신을 더하는 것이 특징이다. 보통 묽은 농도를 드레싱이라 하며, 고추장이나 된장, 강된장처럼 걸쭉한 것은 딥소스로 분류한다. 1인분의 샐러드에는 드레싱을 20~30g 정도 사용하지만 샐러드 종류에 따라 양은 달라진다. 모든 샐러드에 드레싱이 필요한 것은 아니며 각 재료의 성질에 따라 드레싱을 곁들이는 시간도 차이를 두어야 한다. 잎채소로 만든 샐러드는 먹기 직전에 드레싱을 뿌리는 것이 좋고 단단한 재료로 만든 샐러드는 미리 부어 재료와 어우러지게 하는 것이 좋다. 일반적으로 기름과 식초, 소금, 허브 등을 섞어서 만들고 기호에 따라 단맛, 짠맛, 신맛 등을 내는 재료를 적당하게 추가하면 된다.

1. 드레싱 재료

매실청

매실의 씨를 제거해 설탕과 1:1 비율로 담근 뒤 발효해서 나온 액체를 먹는다. 드레싱에 설탕, 맛술 대용으로 사용해도 좋으며 단맛을 내고 잡내를 없애준다. 과하지 않은 단맛을 내고 싶을 때 활용한다.

화이트와인식초

화이트와인을 발효시켜 만든 식초로 생선, 해물 요리에 잡내를 잡는 용도로 활용한다. 투명한 색이라 드레싱에 넣어도 재료가 탁해지지 않으므로 깔끔한 샐러드를 만들 때 적당하다.

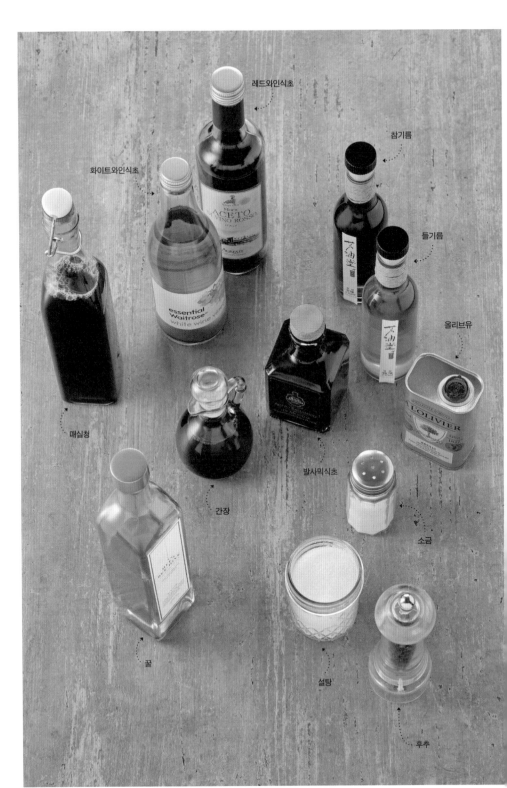

레드와인식초

참기름

화이트와인식초

들기름

올리브유

매실청

간장

발사믹식초

소금

꿀

설탕

후주

레드와인식초

레드와인을 발효시켜 만든 식초로 억센 채소나 익힌 채소, 육류와 잘 어울린다. 드레싱으로 활용하거나 샐러드를 만든 뒤 마지막에 한두 방울 둘러줄 때도 좋다.

참기름

참기름은 요리의 마지막 정점이다. 미리 넣으면 조리 시 열에 의해 고소함이 날아가기 때문에 꼭 마지막에 넣어야 한다. 보통 차가운 드레싱을 만들 때 사용하며 마지막에 넣고 잘 섞는다.

들기름

들깨에서 짜낸 들기름은 불포화지방산이 풍부하고 비타민 흡수까지 도와준다. 하지만 열량이 높아 조심해서 섭취하고 공기 중에 오래 두면 산패하니 뚜껑을 닫아 냉장 보관한다.

올리브유

드레싱이나 페스토를 만들 때 사용한다. 퓨어와 엑스트라버진이 있는데 드레싱에는 엑스트라버진을 선택하는 것이 좋다. 올리브의 종류에 따라 맛과 향, 색이 다르다.

발사믹식초

간장처럼 짙은 색이 특징이며 백포도를 발효시켜 만든다. 새콤하면서도 부드럽고 약간의 단맛이 나는, 묘한 맛의 고급 식초다. 드레싱에 넣거나 조려서 끈적한 소스 상태로 활용해도 맛있다.

간장

샐러드에 활용할 때는 진간장을 사용한다. 요즘은 염분이 낮은 맛간장이 인기이며 양념장과 드레싱을 만들 때도 유용하다.

꿀

꿀을 드레싱에 넣으면 자연스러운 단맛과 감칠맛을 줄 수 있다. 샐러드를 만들고 마지막에 꿀을 살짝 첨가해서 풍미를 돋워도 좋다. 요리에는 향이 너무 강하지 않은 꿀을 선택해야 재료의 맛을 살릴 수 있다.

후추

드레싱뿐 아니라 요리에도 필수적으로 사용한다. 생선이나 고기의 잡내를 잡아주는데 큰 역할을 한다. 통후추를 갈거나 빻아서 쓰면 신선하고 진한 향을 즐길 수 있다. 백후추는 흰색 소스나 생선 요리에 사용하면 좋고 적후추는 장식용으로 좋다. 샐러드를 완성한 뒤 마지막에 후추를 뿌리면 더욱 멋스럽다.

설탕

음식에 단맛과 감칠맛을 돋워준다. 드레싱에서도 빼놓을 수 없는 재료로, 종류가 다양하고 입자나 색에 따라서 드레싱의 맛과 향이 달라진다.

소금

간을 맞추는 것뿐만 아니라 음식의 단맛을 끌어올려준다. 필수 재료이지만 적절한 양을 사용하는 것이 중요하다.

생크림

생크림을 드레싱에 사용할 때는 지방이 40~50% 함유된 고지방 생크림을 사용한다. 드레싱에 넣으면 부드러움과 풍미를 더해준다. 주로 마요네즈, 치즈, 과일즙 등 산미가 있는 재료와 섞어서 사용한다.

고추냉이

생고추냉이를 강판에 갈아 먹으면 더욱 신선하다. 매콤하며 톡 쏘는 맛이 있어 드레싱 재료로 좋다. 고추냉이를 넣는 드레싱은 하루 정도 숙성시키면 맛이 훨씬 부드러워진다.

호두

호두를 드레싱에 이용할 때는 헹궈서 불순물을 제거하고 물기를 닦아내거나 말린 뒤 마른 팬에 볶아서 사용하면 고소한 맛이 배가된다. 우유나 두부와 함께 갈아 단백질과 칼슘까지 보충해주면 영양적으로도 좋다.

올리브

올리브는 토핑, 부재료 등으로 사용될 뿐만 아니라 드레싱에 잘게 다져 넣거나 갈아서 페스토 등으로 만들기도 한다. 특유의 맛과 향이 드레싱에 깊은 풍미를 더해준다. 파스타샐러드, 채소샐러드, 해물샐러드와 특히 잘 어울린다.

마스카르포네

수분 함량이 높은 우유로 만든 크림 느낌의 치즈다. 맛은 부드럽지만 살짝 신맛이 나고 밀도가 높다. 디저트류와 어울리고 올리브, 베이컨 등 짭짤한 재료와 딥소스로 만들어도 좋다. 시큼한 맛이 있어 생크림과 우유, 마요네즈와 섞어 만들면 부드러운 드레싱이 된다.

머스터드

겨자씨에 식초와 향신료를 첨가해서 만든 것이다. 새콤한 맛과 매운맛을 함께 가진 매력적인 재료다. 허브, 화이트와인을 섞어 부드러운 맛을 내는 디종머스터드, 홀그레인머스터드가 대표적이다. 고기나 해물을 넣은 샐러드 드레싱을 만들 때 적당하다.

파슬리

말린 허브는 드레싱을 만들 때 많이 사용되는 재료 중 하나다. 신선한 허브를 사용하기 힘들 때는 말린 허브를 이용해도 좋다. 파슬리는 가장 대표적인 허브로 고기나 해물을 넣은 샐러드 드레싱에 잘 어울리며 향과 풍미를 더해준다.

크림치즈

수분 함량이 높고 지방이 많은 치즈로 드레싱에 신맛과 고소한 맛을 함께 내고 싶을 때 사용한다. 딥을 만들거나 토핑용으로 사용해도 좋다.

사워크림

생크림을 발효시켜 만든 시큼한 맛의 크림이다. 농도가 되직해서 딥소스로 만들기 좋으며 요리의 풍미를 살려준다. 특히 멕시코 음식이나 감자 요리에 곁들이는 드레싱이나 소스와 잘 어울린다. 부드러운 맛에 포인트를 주고 싶을 때 더하면 좋다.

고춧가루

주로 한식에 사용하는 고춧가루를 드레싱에 넣는 것이 낯설 수 있지만 활용하기 좋은 양념이다. 간장과 식초, 설탕 등을 넣어 매콤하면서 새콤한 오리엔탈드레싱을 만들거나 단단한 채소를 구울 때 올리브유와 버무려 사용한다.

안초비

시저드레싱에 필수적으로 들어가는 재료다. 짭조름한 감칠맛이 특징으로, 비린 맛을 줄이려면 파슬리, 마늘, 케이퍼, 식초 등을 첨가하면 된다. 안초비는 짠맛이 강해서 안초비드레싱은 간을 세게 하면 안 된다.

마스카르포네

크림치즈

생크림

고추냉이

시워크림

머스터드

호두

고춧가루

올리브

파슬리

안초비

2. 드레싱 만드는 순서

기름이 주재료인 드레싱

기름이 주재료인 드레싱은 먼저 기름을 넣는다. 마지막에 기름을 넣으면 향이 너무 강해서 느끼해지고 잘 섞이지 않는다. 기름(올리브유 등)-액체(간장, 식초, 매실청 등)-가루(소금, 설탕 등)-향신료(허브, 후추 등) 순서로 넣고 골고루 섞는다. 올리브유는 설탕과 소금이 금방 녹지 않으니 충분히 잘 섞은 뒤 숙성 과정을 거친다.

향신채를 첨가한 드레싱

마늘, 양파, 허브 같은 향신채가 들어가는 경우에는 액체-가루-향신채-기름 순서로 넣고 골고루 섞는다. 향신채를 먼저 넣으면 다른 재료의 맛과 향 때문에 향이 묻힐 수 있다.

유제품이 주재료인 드레싱

먼저 유제품(생크림, 요구르트, 크림치즈 등)-액체-가루 순서로 넣고 골고루 섞어준다. 마지막에 향신료(레몬제스트, 허브, 후추 등)를 넣어 골고루 섞은 뒤 숙성시킨다.

━━━━━━━━━━━━━━━━━━━━┤ 드레싱의 종류 ├━━━━━━━━━━━━━━━━━━━━

페스토

채소와 견과, 기름, 치즈를 으깨거나 갈아서 만드는 이탈리아 전통 소스다. 바질, 시금치, 녹차, 고수, 깻잎,
토마토 등 다양한 채소로 만들 수 있다. 샐러드 재료와 버무려 먹는다.

바질페스토

콩파스타샐러드 p.150 참고

깻잎페스토

호박리코타샐러드 p.182 참고

바질안초비페스토

알감자관자샐러드 p.186 참고

녹차페스토

병아리콩토마토샐러드 p.212 참고

기름을 넣은 드레싱

참기름, 들기름, 올리브유 등 기름을 넣어 만든 드레싱이다. 기름을 기본으로 소금, 식초 등을 넣어 드레싱을 만든다. 재료 본연의 맛을 살리는 샐러드에 주로 사용한다. 기름에 따라 향과 색이 다르기 때문에 때문에 맛이 묻히지 않도록 기름과 샐러드 재료를 잘 조합해야 한다.

매실드레싱

도토리묵샐러드 p.80 참고

당근드레싱

시금치멸치샐러드 p.118 참고

쪽파드레싱

모시조개쪽파샐러드 p.188 참고

꿀드레싱

아티초크샐러드 p.196 참고

바질올리브드레싱

미니당근방울양배추샐러드 p.220 참고

들기름드레싱

더덕카망베르샐러드 p.224 참고

식초를 넣은 드레싱

식초의 풍미가 강한 드레싱이다. 신선한 채소, 과일을 넣은 샐러드와 잘 어울리고 채소와 고기의 맛을 향상시켜준다. 과일, 곡물 등으로 만든 다양한 식초를 활용하며 발효나 숙성 과정에 따라 맛과 색이 달라지므로 다양하게 응용할 수 있다. 식초의 양을 잘 조절해야 맛있는 드레싱을 만들 수 있다.

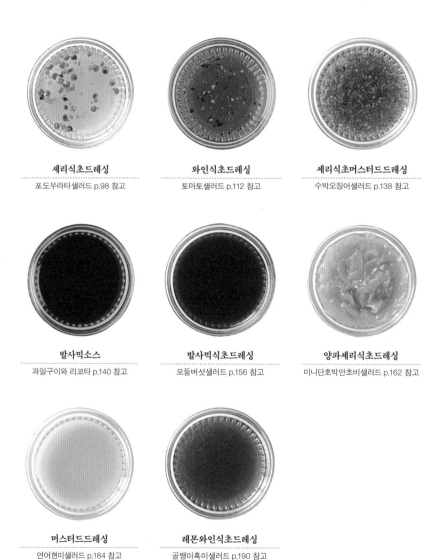

셰리식초드레싱
포도부라타샐러드 p.98 참고

와인식초드레싱
토마토샐러드 p.112 참고

셰리식초머스터드드레싱
수박오징어샐러드 p.138 참고

발사믹소스
과일구이와 리코타 p.140 참고

발사믹식초드레싱
모둠버섯샐러드 p.156 참고

양파셰리식초드레싱
미니단호박안초비샐러드 p.162 참고

머스터드드레싱
연어현미샐러드 p.184 참고

레몬와인식초드레싱
골뱅이흑미샐러드 p.190 참고

장을 넣은 드레싱

간장, 된장, 고추장 등 장류를 활용해서 드레싱을 만들면 무척 이색적이다. 장류를 드레싱에 사용할 때는 다른 재료와 섞어 맛을 중화시켜야 한다. 기름, 유제품, 견과류 등으로 맛의 조화를 만드는 것이 좋다. 드레싱 자체가 강하므로 재료 본연의 맛을 즐겨야 하는 샐러드에는 어울리지 않는다.

치즈된장드레싱
아보카도오이샐러드 p.88 참고

간장드레싱
양배추차돌박이샐러드 p.110 참고

쌈장드레싱
잡곡사과샐러드 p.134 참고

고추장드레싱
닭고기미나리샐러드 p.142 참고

미소머스터드드레싱
마늘종버섯샐러드 p.144 참고

간장유자드레싱
문어샐러드 p.146 참고

된장드레싱
연어보리아보카도샐러드 p.160 참고

간장양파드레싱
채소잡채샐러드 p.172 참고

간장매실드레싱
해초톳샐러드 p.178 참고

과일을 넣은 드레싱

과일을 넣은 드레싱은 새콤하면서 단맛이 나서 주로 잎채소나 열매채소에 곁들인다. 육류나 해물에 색다른 맛을 내고 싶을 때 사용해도 좋다. 과일을 드레싱에 넣을 때는 갈거나 다져서 넣는다. 그대로 사용하면 과일의 맛이 다른 재료의 맛을 가릴 수도 있기 때문이다. 콩포트 같은 소스류를 만들 때는 너무 잘게 다지지 않는다. 과육이 살짝 씹히면 훨씬 맛있다.

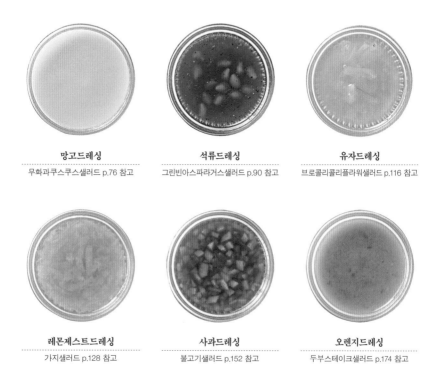

망고드레싱
무화과쿠스쿠스샐러드 p.76 참고

석류드레싱
그린빈아스파라거스샐러드 p.90 참고

유자드레싱
브로콜리콜리플라워샐러드 p.116 참고

레몬제스트드레싱
가지샐러드 p.128 참고

사과드레싱
불고기샐러드 p.152 참고

오렌지드레싱
두부스테이크샐러드 p.174 참고

레몬드레싱

알감자관자샐러드 p.186 참고

귤드레싱

삼겹살묵은지샐러드 p.192 참고

자몽드레싱

광어세비체 p.198 참고

오렌지크림드레싱

미트볼샐러드 p.210 참고

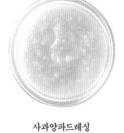

사과양파드레싱

새우구이샐러드 p.216 참고

블루베리콩포트

더덕카망베르샐러드 p.224 참고

유지방을 넣은 드레싱

요구르트, 생크림, 치즈 등의 유제품이나 마요네즈, 땅콩버터 등 유지방이 함유된 재료로 만든 드레싱은 새
콤하고 고소한 맛이 특징이다. 어떤 재료와도 잘 어울리고 맛이 강하지 않아 누구나 좋아한다. 특히 과일,
단단한 채소, 잎채소와 잘 어울린다. 숙성 과정을 따로 거치지 않아도 되어서 더욱 간편하게 만들 수 있다.

요구르트드레싱
바나나채소샐러드 p.74 참고

깨드레싱
뿌리채소샐러드 p.92 참고

시저드레싱
시저샐러드 p.104 참고

랜치드레싱
멜론모차렐라샐러드 p.106 참고

베이컨치즈딥
채소스틱과 딥 p.108 참고

치즈요구르트딥
채소스틱과 딥 p.108 참고

마요네즈치즈드레싱
옥수수파프리카샐러드 p.114 참고

마요네즈크림드레싱
화이트채소샐러드 p.122 참고

두부요구르트드레싱
감자구이샐러드 p.132 참고

마요네즈고추냉이드레싱

게맛살오이샐러드 p.136 참고

땅콩버터드레싱

닭고기쌀국수샐러드 p.154 참고

깨식초드레싱

참치채소샐러드 p.158 참고

요구르트마요네즈드레싱

콥샐러드 p.166 참고

우유검은깨드레싱

시금치마샐러드 p.168 참고

리코타호두드레싱

감자컵샐러드 p.194 참고

두부두유드레싱

병아리콩토마토샐러드 p.212 참고

사워크림드레싱

가지구이샐러드 p.214 참고

견과사워크림드레싱

과일그래놀라 p.222 참고

이색 재료를 넣은 드레싱

독특한 양념이나 소스를 넣은 드레싱은 샐러드를 더욱 특별하게 만들어준다. 와인, 굴소스, 피시소스, 스리라차소스, 고추냉이, 잼 등 다양한 재료를 활용할 수 있다. 드레싱 자체의 맛이 강한 편이므로 샐러드에 포인트를 주고 싶을 때 넣는다. 간이 너무 세지 않도록 비율을 잘 맞춰야 실패하지 않는다.

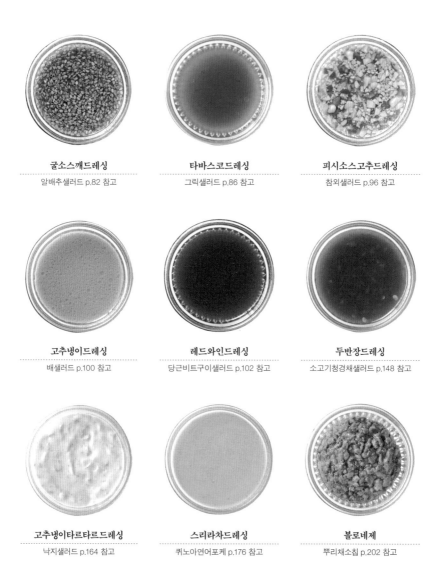

굴소스깨드레싱
알배추샐러드 p.82 참고

타바스코드레싱
그릭샐러드 p.86 참고

피시소스고추드레싱
참외샐러드 p.96 참고

고추냉이드레싱
배샐러드 p.100 참고

레드와인드레싱
당근비트구이샐러드 p.102 참고

두반장드레싱
소고기청경채샐러드 p.148 참고

고추냉이타르타르드레싱
낙지샐러드 p.164 참고

스리라차드레싱
퀴노아연어포케 p.176 참고

볼로네제
뿌리채소칩 p.202 참고

피시소스팥드레싱

떡채소샐러드 p.204 참고

토마토소스

감자크로켓과 아란치니 p.206 참고

피시소스고수드레싱

찹스테이크샐러드 p.208 참고

토마토처트니

키조개찜샐러드 p.218 참고

스타일링하기

자르는 방법, 그릇에 담는 방법 등에 따라 멋진 스타일링을 완성할 수 있습니다. 샐러드를 보다 완성도 있게 만들어줄 도구, 담는 법 등 유용한 정보를 소개합니다.

조리 및 손질 도구

샐러드를 만들 때 계량이 정확하면 일정한 맛을 낼 수 있고, 분량 조절 및 간 맞추기에 실패하지 않는다. 보통 가루류(소금, 설탕 등)나 액체류(간장, 식초, 매실청 등)는 계량스푼을 사용하고 양이 많으면 계량컵을 이용한다. 도구를 적절히 사용하면 보다 빠르게 조리할 수 있다.

푸드 매셔
감자, 달걀, 고구마 등을 쉽게 으깨는 도구다. 재료가 뜨거울 때 사용하면 더 잘 으깰 수 있다.

스테인리스 스틸 채반
재료를 담아 흐르는 물에 씻거나 물기를 뺄 때, 다듬어 보관할 때 등 쓰임새가 많다.

미니 거품기
재료를 섞어주는 필수 도구다. 달걀흰자, 생크림 등 농도가 짙은 액체를 섞거나 머랭을 만들 때 사용한다.

샐러드스피너
재료의 물기를 제거해준다. 잎 채소나 작은 채소는 물기를 빼기가 어렵기 때문에 샐러드스피너를 이용하면 편하다.

소스팬
소스를 데우거나 끓일 때 사용한다. 폭이 좁고 깊어서 넘칠 걱정이 없다. 크기가 다른 소스팬을 한두 개를 구비해두면 더욱 유용하다.

미니 체
가루류를 골고루 뿌릴 때 사용하거나 곡물, 콩, 블루베리처럼 크기가 작은 재료를 흐르는 물에 씻을 때, 물기를 뺄 때, 드레싱이나 소스를 거를 때 등 다양하게 활용한다.

푸드 프로세서
재료를 다지고 잘게 자르고 갈아주는 도구다. 한 번 익힌 뒤 더 부드럽게 갈 때도 사용된다. 핸드형 툴이 있어서 냄비에 끓이면서도 사용할 수 있다.

계량컵
분말이나 액체, 다진 재료를 계량할 때 사용한다. 컵이 흔들리지 않게 바닥에 두고 재료를 담아야 정확하게 계량할 수 있다. 컵 윗부분을 평평하게 깎아서 담는 것이 정량이다.

미니 절구
적은 양의 마늘이나 깨, 허브를 빻을 때 사용한다. 가볍게 눌러 사용하며 허브는 너무 많이 빻으면 뭉쳐지니 조심해야 한다.

계량스푼
소량의 식재료를 계량하는데 사용한다. 1큰술은 15ml(g), 1작은술은 5ml(g)가 기준이다. 보통 1큰술, ½큰술, 1작은술, ½작은술이 세트로 구성되어 있다.

푸드 매셔

계량컵

스테인리스 스틸 채반

소스팬

미니 거품기

미니 절구

미니 체

계량스푼

샐러드스피너

푸드 프로세서

채칼

미니 그레이터

필러

브러시

우드 집게

서빙스푼

회전 채칼

스퀴저

허니 디퍼[1]

스쿱

치즈 그레이터

치즈 슬라이서

미니 그레이터

작은 그레이터로 용도는 그레이터와 같지만 플레이팅을 할 때나 섬세하게 치즈나 레몬 제스트 등을 올릴 때 사용하면 편리하다.

채칼

단단한 채소나 치즈 등을 일정한 크기로 자를 수 있다. 재료에 대고 긁어내면 길쭉하고 얇게 채 썬 모양이 된다.

필러

감자나 당근, 무 등 단단한 채소의 껍질을 벗길 때 사용한다. 오이, 호박 등 긴 채소를 얇게 슬라이스할 때도 좋다. 단단한 치즈를 슬라이스할 때도 유용하다.

브러시

재료에 기름이나 양념을 바를 때, 소스를 바르면서 구울 때, 걸쭉한 소스나 드레싱으로 접시에 장식을 할 때 사용한다. 합성모가 더 정교하게 표현할 수 있다.

우드 집게

완성한 음식을 덜 때, 조리하면서 식재료를 집을 때 등 다양하게 사용한다. 길이와 너비, 면적에 따라 집을 수 있는 재료가 달라서 필요에 맞게 구매한다.

서빙스푼

완성된 음식을 덜 때 사용한다. 파티나 손님 초대 시에 유용하다. 그릇에 바로 닿는 것이므로 손상이 가지 않는 나무 소재를 추천한다.

회전 채칼

단단한 채소를 면처럼 길게 자를 수 있다. 손잡이에 채소를 꽂고 돌리면 가늘고 길게 잘려 나온다. 당근, 호박 등 단단하고 긴 채소를 사용하면 좋다.

스퀴저

레몬이나 오렌지 등의 즙을 짤 때 사용하는 도구다. 과일을 가로로 반 가른 뒤 스퀴저를 넣어 돌리면 간편하게 과육의 즙을 낼 수 있다.

허니 디퍼

꿀을 수저나 국자로 뜨면 소모되는 부분이 많다. 허니 디퍼는 홈이 파인 부분으로 꿀이 흘러서 낭비 없이 적당한 양을 덜 수 있다.

스쿱

지름이 작은 것부터 큰 것까지 크기가 다양하며 큰 것은 주로 아이스크림, 작은 것은 멜론, 수박 등의 과일을 둥근 모양으로 뜰 때 사용한다.

치즈 그레이터

치즈를 갈 때 편리하다. 힘을 들이지 않고 정교하게 체다, 고다 등 경질치즈를 쉽게 갈 수 있다. 토핑용으로 치즈를 올릴 때는 필수적인 도구다.

치즈 슬라이서

치즈를 슬라이스할 때 유용하다. 치즈의 강도에 따라, 힘에 따라 굵게 또는 얇게, 길게 또는 짧게 조절할 수 있다.

채소 자르는 법

채소를 자르는 방법은 의외로 다양하다. 슬라이스, 채썰기, 돌려깎기, 반달썰기 등 채소를 자르는 방법을 익히면 같은 채소라도 다양한 색감과 느낌을 낼 수 있다.

1. 오이

길게 슬라이스

초밥이나 샐러드를 만들 때 사용한다. 필러로 위에서 아래로 밀어준다. 말아서 색다른 모양을 만들거나 다른 재료와 함께 말아서 요리하기 적당하다.

돌려깎아서 채썰기

가로로 6cm 길이로 자른 뒤 껍질 부분을 0.1cm 정도 칼날이 들어가게 해서 껍질 부분만 도려내고 채썬다. 수분이 많은 씨 부분이 없어서 더욱 아삭하다. 수분이 많은 드레싱과 궁합이 잘 맞는다.

반달썰기

세로로 2등분한 뒤 씨를 제거하고 자른 면을 바닥으로 둔 뒤 1cm 두께로 자른다. 수분이 90% 이상 차지하는 오이는 씨 부분을 제거하면 물이 나오지 않아 깔끔하다. 해산물, 해조류가 들어간 샐러드와 잘 어울린다.

둥글게 슬라이스

모양대로 0.2cm 두께로 얇게 슬라이스한다. 무침 스타일의 샐러드와 잘 어울리며 살짝 절여서 사용하면 아삭하게 씹히는 식감이 좋다.

2. 토마토

껍질 벗기기

꼭지를 떼고 윗부분에 십자 모양으로 칼집을 낸 뒤 끓는 물에 10~20초 정도 데쳤다가 건진다. 바로 얼음물에 담갔다가 꺼내 껍질을 벗긴다. 샐러드에 바로 넣어도 되고 갈아서 드레싱으로 활용해도 좋다.

둥글게 슬라이스

꼭지를 떼고 0.8cm 두께로 둥글게 슬라이스한다. 토마토는 슬라이스하면 씨와 수분이 빠지기 때문에 자른 뒤 키친타월로 눌러서 수분을 닦는다. 다른 재료와 섞기보다 장식처럼 즐기기에 좋은 방법이다.

웨지로 자르기

꼭지를 떼고 세로로 2등분한 뒤 다시 3등분해서 웨지 모양으로 만든다. 다른 재료와 어우러지는 샐러드에 적당하다. 잎채소에 곁들이면 색감과 식감의 조화가 더욱 좋다.

네모나게 썰기

꼭지를 떼고 세로로 2등분해 씨를 빼고 물기를 제거한다. 자른 면을 위로 향하게 한 뒤 0.8cm 크기의 네모 모양으로 잘게 자른다. 토마토살사샐러드, 타코샐러드 등 재료를 비슷한 크기로 잘라서 만드는 샐러드에 어울린다.

3. 당근

한입썰기

한입 크기로 자를 때는 삼각꼴이 되도록 어슷하
게 자른다. 당근은 단단해서 소스에 재워 오븐에
굽거나 팬에 굽는 샐러드에 어울린다.

채썰기

당근을 얇게 슬라이스한 뒤 가늘게 썬 다음 원하
는 길이로 자르면 간단하게 당근채를 만들 수 있
다. 7cm 정도로 길게 채를 썰면 아삭하게 씹히는
식감이 좋아지므로 무침, 절임 등 익히지 않고 생
으로 요리하는 것이 가장 맛있다.

반달 슬라이스

세로로 2등분한 뒤 자른 면을 바닥에 두고 0.2cm
두께로 자른다. 당근을 얇게 썰어 사용하는 샐러
드는 무척 다양하다. 칩, 절임 등 아삭한 식감이 필
요한 요리에 적당하다.

스틱으로 썰기

당근을 6cm 길이로 자른 뒤 0.7cm 두께로 잘라
길이를 맞춘다. 길고 굵은 스틱 모양으로 잘라서
생으로 먹는다. 그 자체로도 샐러드가 되며 핑거
푸드처럼 딥소스에 찍어 먹으면 좋다.

4. 아보카도

2등분하기

아보카도는 세로로 2등분한 뒤 씨를 칼로 콕 찍어 살살 돌려서 빼고 껍질을 깎고 레몬즙을 뿌린다. 아보카도 모양을 살려서 그대로 굽거나 생으로 즐기면 더욱 색다르다. 씨 부분에 다른 재료를 채워 넣어도 좋다.

깍둑썰기

세로로 2등분한 뒤 씨를 빼고 단면을 아래로 둔 다음 길이 2cm, 너비 0.5cm 크기로 자른다. 다른 재료와 함께 버무려 먹거나 토핑용으로 올린다.

원형 만들기

세로로 2등분한 뒤 씨를 빼고 0.2cm 두께로 얇게 슬라이스한다. 양끝을 조심스럽게 구부리며 원형이 되도록 모아준다. 샐러드 위에 그대로 올리면 장식 효과도 있다. 두세 개를 함께 두어 꽃잎처럼 만들어도 예쁘다.

반원 만들기

세로로 2등분한 뒤 씨를 빼고 0.2cm 두께로 얇게 슬라이스한다. 긴 면을 펼치면서 사선으로 어슷하게 모양을 잡는다. 장식 효과가 있고 두세 개를 나란히, 또는 어긋나게 올려도 예쁘다. 샐러드 위에 예쁘게 놓으면 그 자체로도 다른 샐러드와 잘 어울린다.

예쁘게 담는 법

그릇에 담을 때 재료들을 놓을 자리를 상상하며 담으면 전문적인 느낌을 낼 수 있다. 자연스럽게 담고 싶다면 무겁고 큰 재료를 먼저 담고 주재료는 가운데, 부재료는 가장자리에 올린다. 다음으로 토핑 재료를 올리고 드레싱을 뿌린다. 수분을 먹으면 숨이 죽는 잎채소는 드레싱을 마지막에 올려야 한다.

1. 같은 메뉴 다르게 담기

콥샐러드

일렬로 담기

재료를 한 줄씩 조르르 담으면 정갈해 보이고 공들여 준비한 느낌을 준다. 한 줄로 담아서 자칫 지루할 수 있으므로 재료의 크기를 일정하지 않게 자르면 더 재미있다. 통일된 느낌을 주고 싶다면 모든 재료를 같은 크기로 자른 뒤 담으면 된다.

재료별로 구획을 나눠 담기

접시에 재료 개수만큼 구획을 나누고 그 안에만 재료를 담는다. 정갈하면서 소담스러운 느낌을 줄 수 있다. 볼륨감 있게 쌓아주면 더욱 먹음직스럽고 색이 다른 재료를 옆에 두면 더욱 화려해보인다.

함께 섞어서 담기

모든 재료를 골고루 버무린 뒤 한꺼번에 담는다. 재료의 크기를 일정하게 통일한 경우 각각의 재료가 돋보이게 담는 것보다는 섞어서 자연스럽게 어우러지도록 하는 것이 더 예쁘다. 대신 너무 뒤죽박죽하지 않도록 접시에 선이 있다고 생각하고 일정 선 안에만 올려주는 것이 단정하다.

카프레제

아보카도를 그릇으로 활용하기
아보카도를 그릇으로 활용하면 더욱 특별할 뿐 아니라 마지막에는 아보카도까지 먹을 수 있어서 재미있다. 아보카도를 반 가른 뒤 씨를 빼고 1인분의 카프레제를 아보카도 위에 올린다. 이때 재료는 모두 같은 크기로 잘라야 조잡해 보이지 않는다.

재료별로 모아 담기
모차렐라와 토마토를 각각 구분해서 담는다. 어슷하게 층층히 쌓으면 자연스러운 멋이 느껴진다. 자칫 지루할 수 있으므로 다른 색깔의 토마토를 두세 가지 정도 섞어서 사용하면 좋다. 토마토와 모차렐라의 크기를 다르게 잘라야 지루하지 않다.

하나씩 번갈아 담기
마치 도미노처럼 방울토마토와 모차렐라를 번갈아 한 개씩 세워서 담으면 좀 더 색다르다. 둥근 접시에 어울리는 플레이팅이다.

2. 외부로 이동할 때 담기

유리병과 저장용기 활용

몇 년 전 뉴욕에서 채소를 맛있고 쉽게 먹는 방법
으로 유리병 샐러드가 선풍적인 인기를 끌었다.
들고 다니면서 먹을 수 있고, 준비도 간편하다. 드
레싱을 제일 아래에 담고 드레싱이 닿으면 무르는
채소는 드레싱과 닿지 않게 해야 하며 드레싱을
따로 담는 방법도 좋다. 수분이 닿아도 물러지지
않는 단단한 샐러드는 재료를 담고 드레싱을 위에
뿌려도 된다. 입구가 넓은 유리병을 선택해야 쉽
게 담을 수 있다.

도시락 활용

샐러드를 도시락으로 담을 때는 재료가 섞이지
않도록 해야 한다. 드레싱은 따로 준비하는 것이
좋고 드레싱에 버무려서 담을 때는 재료가 새지
않도록 뚜껑을 잘 확인해야 한다. 재료를 한 줄씩
가지런히 담으면 보기에 좋고 더 신경을 쓴 것 같
다. 나무도시락처럼 밀폐력이 없는 도시락을 이용
할 때는 수분이 많지 않은 재료를 사용한 샐러드
나 시간이 지나도 크게 변질이 되지 않는 샐러드
가 적당하다.

남은 샐러드 활용하기

샐러드가 남았다면 냉장고에 보관하지 말고 다른 요리로 활용해보세요. 질리지 않고 전부 먹을 수 있습니다. 밥, 빵 등 다양한 요리로 재탄생한, 샐러드의 이유 있는 변신을 소개합니다.

찹스테이크샐러드→찹스테이크덮밥   p.208 만드는 법 참고

찹스테이크샐러드는 피시소스가 들어가 동서양의 맛을 느낄 수 있는 매력적인 메뉴다. 짭조름한 맛과 자작한 국물이 있어서 덮밥으로 활용하면 더욱 맛있다.

＊남은 샐러드를 팬에 볶아서 따뜻하게 데운 뒤 잡곡밥 위에 얹는다.

삼겹살묵은지샐러드→삼겹살묵은지덮밥   p.192 만드는 법 참고

삼겹살을 넉넉하게 삶아서 샐러드가 남았다면 고민이 된다. 바로 먹지 않고 냉장고에 넣으면 수분이 빠져가 맛이 없어지니 살짝 볶아서 재활용해보자. 볶을 때 화이트와인을 첨가하면 잡내까지 잡아준다. 소면을 곁들여도 맛있다.

＊달군 팬에 약간의 물, 삼겹살, 월계수잎 1장을 넣는다. 물로만 볶다가 월계수잎을 건져내고 올리브유를 약간 넣어 다시 한 번 볶는다. 볶은 삼겹살을 묵은지와 함께 잡곡밥 위에 얹는다. 마른 삼겹살을 촉촉하게 먹을 수 있다.

올리브마리네이드→올리브오픈샌드위치   p.228 만드는 법 참고

올리브마리네이드는 저장샐러드라 넉넉히 만들어 두고 먹을 수 있다. 샐러드로 먹는 것이 질린다면 다양하게 활용해보자. 빵을 구워서 올리브마리네이드를 올리기만 하면 또 하나의 요리가 완성된다. 다져서 크림치즈나 리코타와 버무린 뒤 올려도 좋다.

＊바게트를 슬라이스한 뒤 살짝 굽고 올리브마리네이드를 올린다.

퀴노아연어포케→퀴노아연어오픈샌드위치   p.176 만드는 법 참고

퀴노아연어포케를 만들다 보면 연어가 조금씩 남는 경우가 많다. 남은 연어는 오픈샌드위치로 만들면 좋다. 3분도 걸리지 않고 아침 식사나 간식, 브런치, 술안주로도 인기가 많은 메뉴다. 훈제연어로 대체해도 되고 크림치즈 대신 마스카르포네나 리코타를 올려도 맛있다.

＊바게트를 살짝 구운 뒤 크림치즈를 듬뿍 바르고 연어를 올린다. 타임으로 장식한다.

과일마리네이드 → 과일마리네이드 오픈샌드위치 p.227 만드는 법 참고

과일마리네이드는 그냥 먹어도 맛있지만 신선한 잎채소를 올려서 먹으면 더없이 신선한, 기분 좋은 샐러드가 된다. 과일을 그다지 좋아하지 않는 사람도 맛있게 먹을 수 있다. 만약 샐러드가 남았다면 오픈샌드위치로 즐겨보자. 수분이 많으니 빵 위에 버터나 치즈를 바른 뒤 올려야 덜 눅눅해진다.

*바게트에 버터를 바른 뒤 과일마리네이드를 올린다.

모둠버섯샐러드 → 모둠버섯샌드위치 p.156 만드는 법 참고

발사믹식초에 조린 모둠버섯샐러드는 샌드위치로 재탄생시키기 좋은 메뉴다. 3분이면 뚝딱 만들 수 있고 아침 식사나 점심 도시락, 주말 나들이 메뉴로도 제격이다. 부드러운 마스카르포네와 루콜라를 추가하면 더욱 맛있다.

*베이글을 가로로 2등분한 뒤 마스카르포네를 바른다. 모둠버섯샐러드를 올리고 와일드루콜라로 장식한다.

단호박고구마무스샐러드 → 리코타단호박고구마샌드위치 p.233 만드는 법 참고

저장샐러드로 만든 단호박고구마무스샐러드는 샌드위치로 먹어도 맛있다. 부드러운 샐러드라 빵 속에 넣기 좋다. 요구르트와 견과류를 추가해도 좋고 리코타를 더해 새콤하고 고소하게 즐겨도 좋다. 간단하게 한 끼 식사를 즐기고 싶을 때나 도시락 메뉴로 추천한다.

*통곡물식빵에 버터를 바른 뒤 단호박고구마무스샐러드를 얹고 리코타를 올린다. 통곡물식빵을 덮고 달군 그릴팬에 올려 앞뒤로 노릇하게 굽는다.

바나나채소샐러드 → 바나나치아바타샌드위치 p.74 만드는 법 참고

바나나를 구워서 만든 바나나채소샐러드가 남았다면 샌드위치로 활용해보자. 올리브유를 듬뿍 머금은 치아바타의 부드러움과 구운 바나나의 달콤함, 아삭한 채소의 만남이 잘 어울린다. 치아바타에는 마요네즈, 버터, 바질페스토 등 집에 있는 재료를 무엇이든 발라도 좋다.

* 치아바타를 반으로 자른 뒤 한쪽 면에 마요네즈 살짝 바르고 바나나채소샐러드를 올린다.

찹스테이크덮밥

삼겹살묵은지덮밥

모둠버섯샌드위치

리코타단호박고구마샌드위치

올리브오픈샌드위치

퀴노아연어오픈샌드위치
과일마리네이드오픈샌드위치

바나나치아바타샌드위치

Part2_ 초급

간단한 재료로 손쉽게 만들 수 있는
기본 샐러드 레시피입니다.
냉장고 속 숨어 있던 재료를 활용해보세요.

바나나채소샐러드
—— banana and vegetable salad ——

사계절 먹을 수 있는 바나나는 누구나 좋아하는 과일입니다. 달콤한 맛이 언제 먹어도 기분
좋고 어떤 샐러드에나 잘 어울리지요. 차가운 샐러드로도 따뜻한 샐러드로도 맛있습니다.
좋아하는 채소에 구운 바나나를 곁들이세요. 흔한 재료가 조금 더 특별해집니다.

[재료]

바나나 1개
샐러드용 채소(양상추, 치커리, 로
메인 등) 60g
아몬드 1큰술
올리브유 2작은술
블루베리 말린 것 1작은술
크랜베리 말린 것 1작은술
버터 약간
요구르트드레싱
· 플레인요구르트 1½큰술
· 생크림 1½큰술
· 홀그레인머스터드 1작은술
· 메이플시럽 1작은술
· 레몬즙 1작은술
· 레몬제스트 ½개분

[만드는 법]

1 분량의 재료를 골고루 섞어 요구르트드레싱을 만든다.

2 샐러드용 채소를 깨끗하게 씻는다.

3 바나나는 길이로 2등분한 뒤 다시 어슷하게 2등분한다.

4 팬에 버터와 올리브유를 두른 뒤 바나나를 넣어 겉면이 노릇해
   지도록 굽는다.

5 아몬드는 다지고 블루베리와 크랜베리는 팬에 기름을 두르지 않
   고 살짝 굽는다.

6 접시에 채소와 바나나를 담고 아몬드, 블루베리, 크랜베리를 뿌
   린 뒤 요구르트드레싱을 곁들인다.

버터와 올리브유를 함께 두른다

바나나를 구우면 살짝 물러지지만 단맛은 훨씬 높아진다. 버터만 넣고 구우면
금방 탈 수도 있으니 올리브유를 함께 넣어 타는 것을 방지하자. 단, 약불에서
굽는다.

무화과쿠스쿠스샐러드
—— fig and couscous salad ——

우리에게는 낯설 수도 있는 쿠스쿠스는 파스타의 한 종류입니다. 북아프리카 유목민인 베르베르족이 만들었다고 알려져 있으며 양념이 강한 고기나 샐러드와 잘 어울립니다. 이 레시피에서는 조금 독특하게 과일을 곁들였어요. 무화과에 쿠스쿠스를 듬뿍 올려 크게 베어 물면 식감이 무척 재미있습니다.

[재료]

무화과 3개
쿠스쿠스 100g
뜨거운 물 1컵
올리브유 1큰술
파슬리 다진 것 ½큰술
소금 약간
후추 약간
망고드레싱
·망고 100g
·올리고당 2큰술
·올리브유 1½큰술
·물엿 ½큰술
·화이트와인식초 2작은술

[만드는 법]

1 쿠스쿠스, 올리브유, 소금을 뜨거운 물에 넣고 5분 정도 불린다.

2 1을 체에 밭쳐 식힌 뒤 파슬리, 후추를 넣고 버무린다.

3 무화과는 씻어서 물기를 제거한 뒤 반으로 자른다.

4 분량의 재료를 믹서에 넣고 갈아서 망고드레싱을 만든다.

5 2를 접시에 깔고 무화과를 올린 뒤 망고드레싱을 곁들인다.

쿠스쿠스는 뜨거운 물에 불린다

쿠스쿠스는 이미 한 번 찐 뒤에 말린 것이기 때문에 뜨거운 물에서 5분 정도만 불려도 충분하다. 너무 오래 불리면 되직해져서 오히려 쿠스쿠스의 식감을 해친다.

명란마샐러드

—— salted pollack roe and yam salad ——

원래는 마를 그다지 좋아하지 않았는데, 찐 마의 포슬포슬한 맛을 알게 된 뒤 찌고 삶고 굽고 이런저런 방법으로 마를 먹었어요. 마를 찌면 감자와 비슷한 맛이 나는데 여기에 명란을 넣어 매시드포테이토 같은 샐러드를 만들었습니다. 마를 좋아하지 않는 사람도 분명 좋아하게 될 정도로 맛있어요. 남은 샐러드는 샌드위치로 활용해보세요.

[재료]

명란젓 1덩어리(50g)
마(중) 1개
마요네즈 3큰술
쪽파 다진 것 1큰술
올리브유 ½큰술
레몬즙 ½큰술
바게트 1조각
소금 약간
후추 약간

[만드는 법]

1 명란젓은 길이로 2등분한 뒤 칼등으로 속을 긁어낸다.

2 마는 흐르는 물에 씻은 뒤 껍질을 벗기고 끓는 물에 넣어 약불에서 15분 정도 삶은 뒤 건져서 뜨거울 때 으깨어 식힌다.

3 명란젓과 마, 쪽파, 마요네즈, 올리브유, 레몬즙, 소금, 후추를 볼에 넣고 골고루 섞는다.

4 3에 바게트를 곁들인다.

마는 식힌 뒤 명란젓과 섞는다

마는 차가워지면 잘 으깨지지 않기 때문에 뜨거울 때 으깨야 한다. 으깬 뒤에는 잘 식힌 다음 명란젓과 섞는다. 뜨거운 마를 명란젓과 섞으면 명란젓의 비린 맛이 남을 수 있다.

도토리묵샐러드
—— acorn jelly salad ——

이 샐러드는 "쉽게 구할 수 있는 도토리묵에 간단한 드레싱을 곁들이면 어떨까요?"라는 제안
으로 만들게 되었어요. 무침으로만 먹었던 도토리묵이 상큼한 샐러드로도 잘 어울린다는 걸
알게 되었지요. 항상 먹는 방법이 지루할 때는 새로운 샐러드에 한 번 도전해보세요.

[재료]

도토리묵 ½모(150g)
치커리 40g
새싹채소 10g
매실드레싱
· 올리브유 2큰술
· 매실청 1½큰술
· 화이트와인식초 1작은술
· 소금 약간
· 설탕 약간

[만드는 법]

1 도토리묵은 2.5cm 크기로 깍둑썬다.
2 치커리와 새싹채소는 깨끗하게 씻은 뒤 치커리는 채썬다.
3 치커리와 새싹채소는 얼음물에 10분 정도 담갔다가 물기를 제
  거한다.
4 분량의 재료를 골고루 섞어서 매실드레싱을 만든다.
5 도토리묵을 접시에 담고 치커리와 새싹채소를 올린 뒤 매실드레
  싱을 뿌린다.

채소는 물기를 완전히 제거한다

샐러드에 넣을 채소는 깨끗하게 씻은 다음 물기를 제거한다. 샐러드스피너를
사용하면 채소의 물기를 바로 빼서 사용할 수 있어 편리하다. 샐러드스피너가
없다면 비닐팩 안에 키친타월을 깐 뒤, 그 위에 채소를 넣고 위아래로 흔들면
물기를 쉽게 제거할 수 있다.

알배추샐러드
—— cabbage salad ——

아삭아삭한 알배추는 보통 겉절이로 즐겨 먹지만 사실 근사한 샐러드 재료입니다. 통으로 구우면 보기에도 예쁘고 맛도 더욱 풍부해집니다. 알배추는 배추보다 아삭하고 단맛이 있으니 너무 달지 않은 드레싱을 곁들이는 게 좋습니다.

[재료]
알배추 ½개
레몬 ½개
올리브유 약간
소금 약간
후추 약간
굴소스깨드레싱
·깨 1큰술
·사과식초 1큰술
·설탕 1큰술
·굴소스 ½큰술
·참기름 ½큰술
·들깨가루 1작은술
·소금 약간

[만드는 법]
1 알배추는 깨끗하게 씻은 뒤 꼭지가 잘리지 않도록 길이로 이등분한다.
2 달군 팬에 올리브유를 두르고 알배추를 넣어 소금과 후추를 뿌리며 겉면이 노릇노릇해질 때까지 뒤집어가며 굽는다.
3 레몬도 팬에 올려 겉면이 노릇해지면서 살짝 탄 듯한 느낌이 들 때까지 굽는다.
4 분량의 재료를 골고루 섞어서 굴소스깨드레싱을 만든다
5 구운 알배추를 접시에 담고 굴소스깨드레싱을 곁들인다.
6 먹기 전에 구운 레몬을 짜서 즙을 뿌린다.

알배추를 팬에 굽는다
알배추를 구우면 생배추의 풋내는 줄어들고 고소한 맛은 살아난다. 배추의 아삭거리는 식감이 싫다면 뜨거운 물에 알배추를 살짝 넣었다 바로 뺀 뒤 찬물에 헹군다. 키친타월로 물기를 제거하고 팬에 살짝 구우면 된다.

참치샐러드
—— tuna salad ——

프랑스 남부 니스를 대표하는 니수아즈 스타일의 샐러드입니다. 정통 니수아즈는 기름이 많고 양이 푸짐한 것이 특징입니다. 채소를 모두 구워서 넣는 방법과 채소를 생으로 넣는 두 가지 방법이 있습니다. 우연히 알게 된 프랑스 셰프의 소박한 가정식에 감명을 받아서 이 샐러드를 만들게 되었는데 담백하면서도 건강한 맛에 반해버렸어요. 상대방의 기분까지 풍족하게 만들어주고 싶은 마음을 담았습니다.

[재료]

참치 캔 180g
달걀 삶은 것 2개
바게트 ½개
완두콩 50g
그린올리브(씨 없는 것) 5알
블랙올리브(씨 없는 것) 5알
케이퍼 2큰술
올리브유 2작은술

[만드는 법]

1 참치 캔은 약간의 기름만 두고 체에 밭쳐 기름을 뺀다.

2 완두콩과 케이퍼는 칼등으로 살짝 눌러 으깨고 올리브는 잘게 다진다. 달걀도 같은 크기로 다진다.

3 준비한 참치 캔, 완두콩, 케이퍼, 올리브, 달걀을 볼에 넣고 골고루 버무린다.

4 바게트는 손으로 먹기 좋은 크기로 자른다.

5 오븐 팬에 바게트를 올리고 올리브유 1작은술을 뿌린 뒤 180℃로 예열한 오븐에서 15분 정도 굽는다.

6 접시에 모든 재료를 담고 올리브유 1작은술을 두른다.

완두콩과 케이퍼는 살짝 눌러서 으깬다

참치샐러드는 소금이나 다른 양념이 들어가지 않으며 짭짜름한 케이퍼가 소금의 역할을 한다. 케이퍼는 매콤한 맛도 있기 때문에 너무 다지면 다른 재료의 맛이 묻혀버릴 수 있다. 그러니 너무 잘게 다지지 않는다.

그릭샐러드

—— greek salad ——

지중해의 풍미를 담은 정통 그릭샐러드를 재해석한 샐러드입니다. 그릭샐러드의 기본인 페타와 올리브유, 레몬즙, 올리브는 그대로 들어가고 타바스코를 더해 매콤한 맛을 추가했습니다. 청량감을 더해줄 오이까지 필러로 저며서 넣으면 더욱 든든한 샐러드가 될 거예요.

[재료]

방울토마토 8알
오이 ½개
그린올리브(씨 없는 것) 10알
페타 80g
타바스코드레싱
·올리브유 2큰술
·타바스코 1큰술
·레드와인식초 1큰술
·올리고당 1작은술
·레몬즙 1작은술
·설탕 약간
·소금 약간
·후추 약간

[만드는 법]

1 방울토마토와 오이는 깨끗하게 씻은 뒤 물기를 제거한다.
2 오이는 필러로 길고 얇게 저민다.
3 방울토마토와 그린올리브는 반으로 자른다.
4 페타는 손으로 뜯는다.
5 분량의 재료를 골고루 섞어서 타바스코드레싱을 만든다.
6 방울토마토와 오이, 그린올리브, 페타를 볼에 담고 타바스코드레싱을 넣어 골고루 버무린다.

오이는 필러로 얇게 저민다

보통 오이를 샐러드에 넣을 때는 슬라이스하거나 채 썰어서 사용한다. 오이가 크게 들어가면 드레싱이 겉돌기 때문이다. 오이를 얇게 저면서 넣으면 드레싱이 잘 배고 아삭한 식감이 더욱 살아난다.

아보카도오이샐러드
—— avocado and cucumber salad ——

아보카도는 꾸준하게 인기를 누리고 있는 과일입니다. 미네랄과 비타민이 풍부하고 맛이 부드럽고 고소해서 다양한 요리와 잘 어울리지요. '과일계의 버터'라 불리는 아보카도의 맛을 좋아하지 않는 사람도 크림치즈를 넣은 새콤한 드레싱을 더하면 맛있게 먹을 수 있을 거예요.

[재료]

아보카도 3개
메추리알 10개
오이 1개
레몬즙 약간
소금 약간
후추 약간
치즈된장드레싱
·크림치즈 2½큰술
·플레인요구르트 1½큰술
·레몬즙 1큰술
·꿀 1큰술
·된장 ½큰술
·소금 약간
·후추 약간

[만드는 법]

1 아보카도는 반으로 잘라 씨를 제거한 뒤 한입 크기로 자르고 레몬즙을 뿌린다.

2 끓는 물에 메추리알과 소금을 넣고 저어가며 8~10분 정도 삶는다.

3 메추리알을 건져 찬물에 여러 번 헹군 뒤 물기를 빼고 살살 굴리면서 껍질을 깐다.

4 오이는 소금으로 겉면을 문지르며 흐르는 물에 깨끗하게 씻은 뒤 아보카도와 같은 크기로 자른다.

5 분량의 재료를 골고루 섞어 치즈된장드레싱을 만든다.

6 아보카도, 메추리알, 오이를 그릇에 담고 치즈된장드레싱을 넣어 골고루 섞은 뒤 후추를 뿌린다.

아보카도에 레몬즙을 뿌린다

아보카도는 공기와 접촉하면 바로 갈변이 시작되기 때문에 자른 즉시 레몬즙을 뿌린다. 레몬즙이 어느 정도 갈변을 막아주어서 시간이 지나면서 까맣게 되는 것을 방지한다.

그린빈아스파라거스샐러드

—— green bean and asparagus salad ——

달콤하고 새콤한 석류드레싱과 신선한 아스파라거스와 그린빈이 잘 어울리는 건강한 샐러드입니다. 석류는 냉동제품을 사용해도 되어서 사시사철 계절과 상관없이 만들 수 있습니다. 아스파라거스는 볶은 뒤 시간이 지나면 쓴맛이 강해지므로 가능한 빨리 드세요.

[재료]

그린빈 70g
아스파라거스 80g
피스타치오 5g
올리브유 2작은술
소금 약간
후추 약간
석류드레싱
· 석류알갱이 1큰술
· 석류즙 1큰술
· 레드와인식초 ½큰술
· 올리브유 ½큰술
· 매실 ½큰술
· 꿀 1직은술
· 소금 약간
· 후추 약간

[만드는 법]

1 그린빈과 아스파라거스는 반으로 자른다.

2 피스타치오는 다진다.

3 달군 팬에 올리브유를 두른 뒤 그린빈, 아스파라거스, 피스타치오를 넣고 소금과 후추를 뿌리며 센불에서 3분 정도 살짝 볶는다.

4 분량의 재료를 골고루 섞어 석류드레싱을 만든다.

5 3을 접시에 담고 석류드레싱을 뿌린다.

그린빈과 아스파라거스는 빠르게 볶는다

그린빈과 아스파라거스는 오래 볶으면 아삭한 식감이 없어지므로 짧은 시간에 재빨리 볶아야 한다. 이때 피스타치오를 함께 볶으면 조리 과정이 간단해지고 잡내를 제거해 고소한 맛이 살아난다.

뿌리채소샐러드
—— root vegetable salad ——

땅의 영양을 듬뿍 품은 뿌리채소는 자극적이지 않은 맛 덕분에 메인 요리에 곁들이는 메뉴로 자주 사용합니다. 연근과 우엉을 반찬으로 만들 때는 주로 간장으로 조리지만 연근은 얇게 슬라이스해서 생으로 먹어도 무척 맛있습니다. 영양 가득한 뿌리채소샐러드는 반찬으로도 좋은 메뉴입니다.

[재료]
우엉 ½개
연근(중) ⅓개
식초 ½큰술
아몬드 구운 것 15g
소금 약간
깨드레싱
·깨 ½큰술
·마요네즈 1큰술
·들깨가루 ½큰술
·들기름 ½큰술
·간장 1작은술

[만드는 법]
1 우엉은 칼등으로 살살 긁어서 껍질을 벗기고 깨끗하게 씻은 뒤 어슷하게 자른다.
2 우엉과 소금을 끓는 물에 넣어 20초 정도 데친다.
3 연근은 껍질을 벗기고 얇게 슬라이스한 뒤 식초를 넣은 찬물에 10분 정도 담가둔다.
4 분량의 재료를 골고루 섞어 깨드레싱을 만든다.
5 달군 팬에 아몬드를 넣어 노릇해질 때까지 중약불로 볶는다.
6 우엉, 연근, 아몬드를 깨드레싱과 함께 버무린다.

연근은 식초물에 담근다
연근을 식초물에 담그면 갈변을 막아준다. 연근의 색이 유지되며 연근 특유의 미끈거림도 없어져서 아삭하게 먹을 수 있다.

초당옥수수샐러드
—— super sweet corn salad ——

제주에 내려와 제주산 초당옥수수를 먹어 보고 그 맛에 푹 빠져버렸어요. 서울에서 먹었던
옥수수의 맛이 아니었거든요. 너무 맛있어서 옆집 할아버지께서 주신 울퉁불퉁한 초당옥수
수로 바로 샐러드를 만들었어요. 파프리카가루가 없으면 고춧가루를 넣어도 되고, 고수를 싫
어한다면 파슬리를 넣어도 됩니다. 초당옥수수는 익히지 않고 생으로 먹어도 달콤하고 신선
한 맛이 일품입니다.

[재료]

초당옥수수 2개
파프리카가루 1큰술
파르메산 간 것 2½큰술
고수 5줄기
올리브유 1큰술

[만드는 법]

1   초당옥수수는 깨끗하게 씻어 물기를 제거한 뒤 칼로 알맹이만
    떼어낸다.
2   초당옥수수에 파프리카가루, 파르메산, 올리브유를 넣고 섞는다.
3   고수는 먹기 좋은 크기로 자른다.
4   2를 접시에 담고 고수를 올린다.

초당옥수수는 옆면을 칼로 자른다
초당옥수수를 손으로 한 알씩 떼면 시간도 오래 걸리고 힘이 많이 든다. 초당
옥수수를 세워서 칼로 옆면을 자르면 모양은 일정하지 않아도 빠르고 쉽게 알
맹이를 분리할 수 있다.

참외샐러드
—— oriental melon salad ——

'쏨땀'이라는 태국식 샐러드를 아시나요? 그린파파야를 넣은 새콤달콤한 샐러드로 태국의 유명한 요리입니다. 저는 그린파파야를 대신해 참외와 쌀국수를 넣은 샐러드를 만들어보았어요. 꼭 밥을 같이 먹지 않아도 충분한 한끼 식사가 됩니다. 채소와 참외가 조화롭게 어울리는 태국식 샐러드로 색다른 맛을 즐겨보세요.

[재료]

참외 ½개
무 ⅓개
오이 ½개
쌀국수 60g
고수 약간
소금 약간
피시소스고추드레싱
· 청양고추 1개
· 태국고추 1개
· 피시소스 2큰술
· 레몬즙 2큰술
· 땅콩 1큰술
· 멸치액젓 ½큰술
· 설탕 ½큰술
· 화이트와인 ½큰술
· 새우분말가루 ½작은술
· 마늘 다진 것 ½작은술

[만드는 법]

1 쌀국수는 찬물에서 1시간 정도 불린 뒤 끓는 물에 넣어 30초 정도 끓이고 건진다. 찬물에 여러 번 헹군 뒤 체에 밭쳐 물기를 뺀다.

2 참외는 씨를 제거하고 5cm 길이로 얇게 채썬다. 오이는 2등분해서 씨를 빼고 참외와 같은 길이로 채썬다. 무도 같은 길이로 채썬다.

3 고수는 6cm 길이로 자른다.

4 무, 오이는 소금에 살짝 버무려 10분 정도 두었다가 흐르는 찬물에 헹군 뒤 물기를 제거한다.

5 청양고추와 태국고추는 깨끗하게 씻은 뒤 잘게 다진다. 땅콩도 잘게 다진다.

6 5와 나머지 피시소스고추드레싱 재료를 골고루 섞어서 드레싱을 만든다.

7 쌀국수, 참외, 무, 오이, 고수를 피시소스고추드레싱과 잘 버무린다.

무와 오이는 소금에 살짝 버무린 뒤 헹군다

샐러드에 수분이 너무 많이 생기지 않도록 무와 오이는 소금에 살짝 절였다가 헹군다. 소금을 너무 많이 넣으면 짠맛이 배어 드레싱과 섞었을 때 짤 수 있으니 주의한다.

포도부라타샐러드
—— grape burrata salad ——

여름은 더운 날씨 때문에 힘들지만 그래도 과일이 맛있는 계절이라 더위도 조금은 참을 수 있어요. 달콤하면서도 상큼한 포도는 여름을 대표하는 과일이지요. 포도로 과일샐러드를 만들면 입맛 없는 여름에 특히 잘 어울립니다. 적포도와 청포도, 거봉까지, 세 가지의 포도로 만든 이 샐러드는 과정은 간단하지만 맛은 평범하지 않습니다.

[재료]

청포도 10알
적포도 10알
거봉 8알
부라타치즈 2개
셰리식초드레싱
· 셰리식초(과일식초) 1½큰술
· 올리브유 1½큰술
· 설탕 1큰술
· 라임즙 1작은술
· 소금 약간
· 적후추 약간

[만드는 법]

1 분량의 재료를 골고루 섞어 셰리식초드레싱을 만든다.
2 청포도와 적포도, 거봉은 흐르는 물에 깨끗하게 씻는다.
3 2의 포도를 반으로 자른다.
4 포도를 접시에 담고 부라타치즈를 덩어리째 올린다.
5 셰리식초드레싱을 골고루 뿌린다.

포도는 반으로 자른다
포도를 반으로 자르면 포도 속과 즙이 자연스럽게 샐러드에 배어 나와 단맛을 낸다. 가로로, 세로로, 어슷하게 등등 불규칙적으로 2등분하면 크기나 모양이 일정하지 않아서 더욱 재미있다.

배샐러드
—— Korean pear salad ——

달콤한 배에 잎채소를 곁들인 담백한 샐러드입니다. 치커리나 케일은 주로 쌈으로 먹지만 수분이 많은 드레싱을 사용할 때도 자주 활용됩니다. 여기에 루콜라를 곁들여 쌉싸름한 맛을 더했어요. 고추냉이를 넣은 알싸한 맛의 드레싱이 감칠맛을 배가시켜 느끼한 음식을 먹을 때 곁들여도 좋습니다.

[재료]

배(중) 1개
치커리 30g
와일드루콜라 30g
케일 10g
고추냉이드레싱
· 라임주스 2큰술
· 고추냉이 1½큰술
· 마늘 다진 것 ½큰술
· 식초 ½큰술
· 설탕 ½큰술
· 간장 1작은술
· 매실청 1작은술
· 소금 약간

[만드는 법]

1 치커리, 와일드루콜라, 케일은 씻은 뒤 물기를 제거한다.
2 배는 깨끗하게 씻고 껍질과 씨를 제거한 뒤 반달 모양으로 자른다.
3 치커리, 와일드루콜라, 케일은 손으로 먹기 좋게 뜯는다.
4 분량의 재료를 골고루 섞어 고추냉이드레싱을 만든다.
5 배, 치커리, 와일드루콜라, 케일을 볼에 담고 고추냉이드레싱과 골고루 버무린다.

채소는 손으로 뜯는다
채소는 손으로 먹기 좋은 크기로 뜯는 것이 좋다. 칼로 자르면 자른 면이 산화되어 색깔이 변할 수도 있다. 채소는 그때그때 적당량을 뜯어서 사용한다.

당근비트구이샐러드
—— roasted carrot and beet salad ——

제주에서 가장 유명한 뿌리채소는 당근이지만 요즘은 제주산 비트도 유명합니다. 제주의 명물인 당근과 비트로 만든 이 샐러드는 와인드레싱에 재워서 색다른 매력이 있습니다. 굽는 과정이 가장 중요한데 드레싱을 조금씩 뿌려가며 약불에서 구워주세요. 만약 채소의 단단한 느낌이 싫다면 와인드레싱을 넉넉히 넣어서 끓이세요. 마치 와인드레싱에 조리는 것처럼요. 단, 적양파와 대파는 나중에 넣어야 합니다.

[재료]

당근 80g
비트(소) 80g
적양파 70g
대파(흰 부분) 3대
레드와인드레싱
·레드와인 4큰술
·꿀 4큰술
·간장 3큰술
·레드와인식초 2큰술
·매실청 2큰술
·소금 약간
·후추 약간

[만드는 법]

1 당근과 비트, 적양파, 대파는 깨끗하게 씻은 뒤 한입 크기로 자른다.

2 분량의 레드와인드레싱 재료를 냄비에 넣고 되직하지 않을 정도로 중간불에서 5~10분 정도 끓인다.

3 당근, 비트, 적양파, 대파를 레드와인드레싱과 버무려서 20분 정도 재운다. 이때 레드와인드레싱을 1큰술 정도 남겨둔다.

4 달군 팬에 3을 넣고 중약불에서 10분 정도 굴리면서 굽는다.

5 4를 살짝 식힌 뒤 남은 레드와인드레싱을 뿌린다.

채소를 레드와인드레싱에 재운다
당근과 비트는 단단한 채소라 구울 때 레드와인드레싱을 넣으면 맛이 잘 배지 않는다. 미리 드레싱과 버무려서 재워두면 맛이 잘 스며들고 구울 때 드레싱을 조금씩 뿌리면 더욱 맛이 진해진다.

시저샐러드
—— caesar salad ——

시저샐러드는 미국의 요리사 시저 칼다니Caesar Cardini가 처음 만들어서 시저라는 이름이 붙었다고 합니다. 할리우드에 시저샐러드를 판매하는 레스토랑이 생길 정도로 미국에서 인기를 끌었는데 처음에는 드레싱에 안초비가 들어가지 않았다고 해요. 안초비를 좋아하지 않는다면 우스터소스를 조금 넣어 맛을 끌어올리세요. 한꺼번에 넣지 말고 조금씩 넣으면서 맛을 내야 합니다.

[재료]

로메인 80g
베이컨 2줄
파르메산 간 것 1큰술
크루통 적당량
시저드레싱
·달걀노른자 1개
·안초비 1개
·올리브유 4큰술
·레몬즙 1큰술
·발사믹식초 1큰술
·파르메산 간 것 1큰술
·생크림 1큰술
·케이퍼 1작은술
·마늘 다진 것 1작은술
·머스터드 1작은술
·소금 약간
·후추 약간

[만드는 법]

1 로메인은 깨끗하게 씻은 뒤 얼음물에 담가둔다.

2 안초비와 케이퍼는 잘게 다진다.

3 안초비와 케이퍼를 나머지 시저드레싱 재료와 함께 섞는다.

4 달군 팬에 기름을 두르지 않고 베이컨을 넣어 중약불에서 바싹 구운 뒤 잘게 자른다.

5 로메인은 물기를 제거한 뒤 접시에 담고 3의 시저드레싱을 뿌린다.

6 베이컨과 크루통, 파르메산을 올린다.

베이컨은 바싹 굽는다

베이컨은 기름을 두르지 않은 상태로 팬에 올려 중약불에서 바삭하게 구워야 한다. 베이컨을 구울 때 나오는 기름은 키친타월로 닦아내며 구워야 더 바삭하게 구울 수 있다.

멜론모차렐라샐러드
—— melon and mozzarella salad ——

와인 안주로 즐겨 먹던 프로슈토를 샐러드에 넣었어요. 재료가 많이 들어가지 않아 얼핏 단조롭게 느껴질 수 있지만 멜론과 프로슈토를 함께 먹으면 단맛과 짠맛의 조화가 밋밋함을 없애줍니다. 여기에 모차렐라를 더하면 맛이 더욱 깊어져요. 프로슈토가 없다면 다른 햄을 사용해도 됩니다.

[재료]

멜론 ½개
프로슈토 3장
모차렐라 100g
애플민트(장식용) 약간
소금 약간
후추 약간
랜치드레싱
·우유 1큰술
·생크림 1큰술
·레몬즙 1큰술
·마요네즈 1큰술
·꿀 1작은술
·소금 약간
·후추 약간

[만드는 법]

1 멜론은 작은 스쿱을 이용해 동그란 모양으로 떠낸다.

2 프로슈토는 먹기 좋은 크기로 뜯는다.

3 모차렐라는 한입 크기로 자른다.

4 분량의 재료를 섞어서 랜치드레싱을 만든다.

5 멜론, 프로슈토, 모차렐라를 그릇에 담고 랜치드레싱, 소금, 후추를 뿌린 뒤 애플민트로 장식한다.

멜론은 동그란 모양으로 떠낸다

조리 과정이 간단한 샐러드는 어떻게 자르고 어떻게 담는지, 그리고 어떤 색깔의 재료를 사용하는지에 따라 달라진다. 작은 스쿱을 사용해서 멜론을 동그랗게 떠내면 보기에도 예쁘고 샐러드나 빙수 같은 요리를 만들 때도 감각을 더할 수 있다.

채소스틱과 딥
—— vegetable stick with dips ——

채소를 활용한 샐러드입니다. 언젠가부터 와인을 마실 때면 예쁘게 자른 채소스틱을 곁들이곤 합니다. 냉장고에 있는 어떤 채소를 사용해도 좋고 딥에 채소를 찍어 먹으면 무척 맛있어요. 아삭한 채소의 깊은 맛까지 느낄 수 있지요. 두 가지 딥과 함께 간단한 도시락으로 준비해도 좋습니다.

[재료]

당근 ½개
콜라비 ¼개
셀러리 1대
고구마 ½개
오이 ½개
베이컨치즈딥
· 베이컨 3줄
· 마스카르포네 5큰술
· 양파 다진 것 3큰술
· 소금 약간
치즈요구르트딥
· 크림치즈 4큰술
· 플레인요구르트 2큰술
· 셀러리 ½대
· 꿀 ½큰술

[만드는 법]

1 당근, 콜라비, 셀러리, 고구마, 오이는 깨끗하게 씻은 뒤 6cm 길이, 1cm 두께로 자른다.
2 베이컨은 잘게 자른 뒤 달군 팬에 넣어 양파와 함께 살짝 볶는다.
3 **2**를 마스카르포네, 소금과 골고루 섞어 베이컨치즈딥을 만든다.
4 셀러리는 잘게 다진 뒤 요구르트, 크림치즈, 꿀과 골고루 섞어 치즈요구르트딥을 만든다.
5 준비한 채소스틱에 두 가지 딥을 곁들인다.

채소는 길이를 맞춰 자른다
딥이 있다면 간단하게 재료만 손질해도 특별한 샐러드를 만들 수 있다. 채소를 일정한 길이로 자른 뒤 컵이나 볼에 담으면 각각의 색이 다채롭게 어울려 더욱 보기 좋다.

양배추차돌박이샐러드

—— cabbage and beef brisket salad ——

양배추는 고대 그리스 때부터 즐겨 먹었던, 역사가 오래된 채소입니다. 잡지 〈타임〉에서 선정한 서양 3대 장수 식품 중 하나로 샐러드에는 빠지지 않는 재료이기도 하지요. 그러나 양배추는 병충해에 약해서 농약을 많이 치기 때문에 꼼꼼하게 씻어야 합니다. 여기에 차돌박이를 곁들이면 맛의 궁합이 좋습니다. 차돌박이는 기름기가 있지만 새콤한 드레싱을 곁들인다면 부담 없이 즐길 수 있어요.

[재료](2인 기준)

차돌박이 160g
양배추(중) ½통
깻잎 8장
올리브유 약간
차돌박이양념
·참기름 1큰술
·소금 약간
·후추 약간
간장드레싱
·간장 2큰술
·꿀 2큰술
·화이트와인 2큰술
·레몬즙 2큰술
·현미식초 1큰술
·참기름 1큰술
·맛술 1큰술
·설탕 ½큰술
·후추 약간

[만드는 법]

1 차돌박이는 차돌박이양념을 넣고 버무린 뒤 30분 정도 재운다.
2 달군 팬에 올리브유를 두르고 차돌박이를 넣어 너무 바싹 익지 않도록 앞뒤로 뒤집어가며 굽는다.
3 양배추와 깻잎은 깨끗이 씻은 뒤 물기를 제거한다.
4 양배추는 채썰고 깻잎은 돌돌 말아서 채썬다.
5 분량의 재료를 골고루 섞어 간장드레싱을 만든다.
6 양배추와 깻잎을 접시에 담고 차돌박이를 올린 뒤 간장드레싱을 뿌린다.

차돌박이는 미리 양념에 재운다
차돌박이를 미리 양념에 재워두면 고기의 잡내를 잡아줄 뿐 아니라 적당하게 간이 배어 차돌박이에 깊은 맛을 더한다. 적어도 30분 이상 재우는 것이 좋다.

토마토샐러드
—— tomato salad ——

토마토는 색이 진한 빨간색일수록 영양이 풍부하다고 해요. 과일과 채소의 매력을 모두 갖춘 토마토만으로 샐러드를 즐겨보세요. 어떤 재료와도 궁합이 좋은 토마토지만 그 자체로도 충분히 매력적입니다. 새콤한 맛의 드레싱과 특히 잘 어울립니다. 크기와 색깔이 다른 토마토와 방울토마토를 섞어서 사용하면 더욱 예뻐요.

[재료]

토마토 1개
방울토마토 16알
바질잎 3장
와인식초드레싱
· 올리브유 2큰술
· 레드와인식초 1½큰술
· 설탕 1작은술
· 올리고당 1작은술
· 소금 약간
· 후추 약간

[만드는 법]

1 토마토, 방울토마토는 깨끗하게 씻어서 물기를 제거한다.

2 토마토는 0.5cm 두께로 둥글게 슬라이스한다.

3 방울토마토는 작은 것은 가로로 2등분, 큰 것은 세로로 2등분한다.

4 분량의 재료를 골고루 섞어 와인식초드레싱을 만든다.

5 토마토와 방울토마토를 접시에 담고 바질잎을 올린 뒤 와인식초드레싱을 뿌린다.

토마토는 모양을 살린다

크기가 다른 토마토를 자를 때는 각각의 모양을 살려준다. 큰 토마토는 얇게 슬라이스하고 방울토마토는 작은 것은 가로로, 크고 긴 것은 세로로 자른다. 토마토만을 사용하지만 어떻게 자르는가에 따라 색다르게 보일 수 있다.

옥수수파프리카샐러드
—— corn and paprika salad ——

고기나 회를 먹으러 가면 마요네즈를 듬뿍 뿌린 뜨거운 옥수수샐러드를 철판에 담아 주는 식당이 종종 있지요. 별거 아닌 데도 계속 먹고 싶은 맛이에요. 하지만 집에서 그 맛을 따라 해보면 마요네즈가 생각보다 많이 들어가서 죄책감이 들어요. 맛있지만 건강하지는 않을 것 같은 그 맛을 조금 더 건강하게 만들었어요.

[재료]

옥수수 캔 200g
청파프리카 $\frac{1}{2}$개
적파프리카 $\frac{1}{2}$개
버터 1큰술
파르메산 간 것 1작은술
마요네즈치즈드레싱
· 마요네즈 3큰술
· 연유 1큰술
· 고르곤졸라 15g

[만드는 법]

1 분량의 재료를 골고루 섞어 마요네즈치즈드레싱을 만든다.

2 옥수수 캔은 체에 밭쳐 물기를 제거한다.

3 파프리카는 깨끗하게 씻은 뒤 옥수수보다 조금 크게 자른다.

4 달군 팬에 버터를 두르고 옥수수를 넣어 버터로 코팅하듯 2분 정도 볶은 뒤 파프리카를 넣고 한 번 더 볶는다.

5 마요네즈치즈드레싱을 넣어 골고루 버무리고 파르메산을 뿌린다.

파프리카는 중간에 넣어 볶는다
파프리카를 처음부터 옥수수와 함께 볶으면 아삭함이 사라져버린다. 옥수수를 볶다가 중간에 파프리카를 넣고 재빨리 볶아야 아삭아삭한 식감이 살아 있는 옥수수파프리카샐러드를 만들 수 있다.

브로콜리콜리플라워샐러드
—— broccoli and cauliflower salad ——

브로콜리는 너무나 익숙한 채소지만 콜리플라워는 아직 낯설지요. 콜리플라워는 양배추나 브로콜리보다 부드러워서 샐러드에 잘 어울립니다. 수프, 스튜 등에 넣어도 맛있고 찜, 볶음, 구이 등 다채로운 조리법으로 먹기 좋은 실용적인 채소입니다.

[재료]

브로콜리 ⅓개
콜리플라워 ¼개
유자드레싱
·식초 3큰술
·올리브유 3큰술
·유자청 2큰술
·양파 다진 것 2큰술
·레몬즙 1큰술
·소금 ½작은술

[만드는 법]

1 분량의 재료를 골고루 섞어 유자드레싱을 만든다.

2 브로콜리와 콜리플라워는 한입 크기로 자른다.

3 브로콜리와 콜리플라워를 끓는 물에 넣어 1분 정도 데친 뒤 찬물에 헹군다.

4 브로콜리와 콜리플라워는 물기를 제거한 뒤 그릇에 담고 유자드레싱을 넣어 버무린다.

브로콜리와 콜리플라워는 데친 뒤 찬물에 헹군다

브로콜리와 콜리플라워는 왁스 코팅이 되어 있어서 끓는 물이나 뜨거운 물에 넣어서 데쳐야 한다. 데친 뒤에는 꼭 찬물로 헹궈야 깨끗하게 세척할 수 있고 아삭한 맛도 유지할 수 있다.

시금치멸치샐러드

—— spinach and anchovy salad ——

샐러드용 시금치를 고를 때는 줄기가 짧고 뿌리 부분이 약간 붉은 것이 좋습니다. 훨씬 단맛이 있어 샐러드로 먹기 좋아요. 시금치와 멸치에 퓌레처럼 만든 당근드레싱을 더했어요. 건강한 재료를 모아서 비타민과 칼슘이 풍부해 어른이나 아이, 누구에게나 좋습니다.

[재료]

시금치 100g
잔멸치 30g
포도씨유 3큰술
당근드레싱
· 당근 ½개
· 버터 1½큰술
· 올리브유 1½큰술
· 소금 약간
· 후추 약간

[만드는 법]

1 시금치는 깨끗하게 씻은 뒤 물기를 제거한다.

2 달군 팬에 포도씨유를 두르고 잔멸치를 넣어 노릇하고 바삭하게 튀겨내듯 볶는다.

3 당근은 깨끗하게 씻어 껍질을 제거한 뒤 채썬다.

4 끓는 물에 당근과 소금을 넣고 15분 정도 삶은 뒤 물기를 제거하고 다시 팬에 올려 뒤적이면서 수분을 증발시킨다.

5 4의 당근과 버터, 올리브유, 소금, 후추를 믹서에 넣고 곱게 갈아 당근드레싱을 만든다.

6 시금치와 당근드레싱을 살살 버무린 뒤 잔멸치를 올린다.

잔멸치는 튀기듯 볶는다

잔멸치를 튀기듯 볶아서 바삭하게 만들면 식감이 더욱 좋다. 팬에 멸치가 자작하게 잠길 정도로 포도씨유를 넣고 멸치에 포도씨유가 스며들 때까지 중간불보다 좀 더 센불에서 볶는다.

송이토마토달걀샐러드
—— truss tomato and egg salad ——

송이토마토는 단맛이 강하지는 않지만 모양이 무척 예뻐서 잘 차린 듯한 느낌을 주고 싶을 때 즐겨 사용합니다. 줄기에 조롱조롱 달려 있는 모습이 보기만 해도 귀여워요. 여기에 달걀을 더하면 주말 브런치로, 느긋한 점심 식사로도 손색이 없습니다.

[재료](2인 기준)

송이토마토 5개
달걀 4개
양파 $\frac{1}{2}$개
우유 2큰술
생크림 $1\frac{1}{2}$큰술
버터 1작은술
올리브유 3작은술
소금 $\frac{1}{2}$작은술
후추 약간
차이브(장식용) 약간

[만드는 법]

1 송이토마토와 양파는 깨끗하게 씻고 양파는 채썬다.

2 달걀을 풀고 양파, 우유, 생크림, 소금, 후추를 넣어 골고루 섞는다.

3 송이토마토에 올리브유 1작은술과 후추를 살짝 뿌린다.

4 달군 팬에 올리브유 1작은술을 두르고 송이토마토의 겉면이 살짝 터질 때까지 5분 정도 굽는다.

5 다른 팬에 버터와 올리브유 1작은술을 두르고 **2**의 달걀을 넣어 스크램블드에그를 만든다.

6 송이토마토, 스크램블드에그를 그릇에 담고 차이브를 다져서 올린다.

송이토마토는 팬에서 굽는다

송이토마토는 굽지 않고 그대로 먹어도 되지만 토마토에 열을 가하면 토마토에 들어 있는 리코펜lycopene이라는 성분이 더욱 풍부해진다. 또한 익히면 단맛도 강해지므로 껍질이 터질 때까지 표면을 굴리며 익힌다.

화이트채소샐러드

—— white vegetable salad ——

흰색 재료로만 만든 화이트채소샐러드는 왠지 더 고급스러운 느낌입니다. 건강한 한끼를 먹고 싶을 때나 손님 초대용 메뉴로도 제격이지요. 양송이버섯의 부드러운 맛과 생으로 먹는 콜리플라워의 아삭한 맛이 어울리는, 보기에도 먹기에도 독특하고 멋진 샐러드예요.

[재료]

양송이버섯 7개
밤 5알
콜리플라워 ½개
마늘 5알
올리브유 1큰술
마요네즈크림드레싱
·마요네즈 1큰술
·생크림 1큰술
·올리브유 1작은술
·셀러리 ½대
·소금 약간
·후추 약간

[만드는 법]

1 셀러리는 깨끗하게 씻어 잘게 다진 뒤 나머지 마요네즈크림드레싱 재료와 골고루 섞는다.

2 양송이버섯은 1cm 두께로 썬다. 밤은 껍질을 벗겨 반으로 자르고 콜리플라워는 얇게 슬라이스한다.

3 달군 팬에 올리브유를 두르고 마늘을 넣어 노릇하게 구운 뒤 반으로 자른다.

4 양송이버섯, 밤, 콜리플라워, 마늘과 마요네즈크림드레싱을 골고루 버무린다.

마늘은 팬에 굽는다

마늘은 구워 먹는 것보다 생으로 먹을 때 그 진가를 발휘하지만 샐러드에 생으로 들어가면 약간 거부감이 있다. 마늘을 구울 때는 까서 바로 굽지 말고 깐 뒤 시간을 두었다가 굽는다. 그래야 혈중 콜레스테롤을 낮춰주는 마늘 안의 알린 alliin 성분이 파괴되는 것을 막을 수 있다.

렌틸콩샐러드
—— lentils salad ——

렌즈콩이라고도 부르는 렌틸콩은 세계 5대 슈퍼푸드에 뽑힐 만큼 영양이 풍부합니다. 단백질, 무기질, 비타민, 식이섬유가 모두 들어 있는, 그야말로 슈퍼푸드입니다. 렌틸콩은 밥이나 요리에 활용하기도 좋습니다. 다양한 재료가 들어가는 렌틸콩샐러드는 재료 본연의 맛을 느낄 수 있어 더욱 든든합니다.

[재료]

렌틸콩 100g
햄 100g
토마토 1개
그린올리브(씨 없는 것) 10알
블랙올리브(씨 없는 것) 10알
적양파 ½개
이탈리안파슬리 2줄
월계수잎 1장
레몬즙 2½큰술
올리브유 2큰술
마늘 다진 것 ½작은술
소금 ½작은술
후추 약간

[만드는 법]

1 렌틸콩은 깨끗하게 씻어 불순물을 제거한다.

2 냄비에 렌틸콩이 잠길 정도로 물을 넣고 월계수잎을 넣어 센불에서 5분 정도 끓이다 끓어오르면 중불로 줄인다.

3 레몬즙 2큰술과 마늘을 넣고 렌틸콩이 익을 때까지 15분 정도 더 끓인 뒤 체에 밭쳐 물기를 제거한다.

4 토마토는 씨를 빼서 다지고 햄, 올리브, 적양파, 이탈리안파슬리도 잘게 다진다.

5 렌틸콩, 햄, 토마토, 올리브, 적양파, 이탈리안파슬리를 볼에 담고 올리브유를 뿌린 뒤 소금, 후추로 간한다.

6 마지막에 레몬즙 ½큰술을 뿌린다.

렌틸콩을 삶을 때는 월계수잎을 넣는다

렌틸콩은 특유의 쿰쿰한 냄새가 있어서 밥을 할 때 넣으면 냄새가 덜하지만 삶으면 냄새가 나기도 한다. 이때 월계수잎, 레몬즙, 마늘을 넣고 함께 끓이면 냄새를 없앨 수 있다.

Part3 _ 중급

든든한 한끼 식사로 좋은 샐러드를 소개합니다.
과정과 재료가 초급보다 복잡하지만
누구나 어렵지 않게 따라 할 수 있습니다.

가지샐러드
—— eggplant salad ——

어릴 적에는 물컹거리는 식감과 강한 색깔 때문에 가지를 그다지 좋아하지 않았습니다. 저는 나이를 먹으면서 가지를 좋아하게 되었지만 여전히 가지를 싫어하는 사람들을 위해 가지샐러드를 소개합니다. 가지를 구운 뒤 촉촉한 빵가루, 양파와 한 번 더 볶아서 가지의 맛이 두드러지지 않으므로 누구나 부담없이 먹을 수 있어요.

[재료]

가지 1개
양송이버섯 3개
빵가루 20g
올리브유 3큰술
양파 다진 것 1큰술
밀가루 약간
소금 약간
후추 약간
레몬제스트드레싱
· 레몬 1개
· 메이플시럽 1큰술
· 화이트와인식초 ⅔큰술
· 올리브유 1작은술
· 이탈리안파슬리 다진 것 1작은술

[만드는 법]

1 레몬은 베이킹소다로 씻은 뒤 강판에 갈아 제스트를 만들고 과육은 즙을 짠다.

2 1과 나머지 레몬제스트드레싱 재료를 골고루 섞는다.

3 가지는 깨끗하게 씻고 1cm 두께로 어슷썬 뒤 소금을 뿌려서 5분 정도 절인다.

4 절인 가지를 키친타월로 살짝 눌러서 닦고 앞뒤로 밀가루를 묻힌다.

5 달군 팬에 올리브유를 두르고 가지를 넣어 앞뒤로 노릇하게 굽는다.

6 빵가루를 볼에 담고 습기만 줄 정도로 물을 뿌려 섞는다.

7 가지, 양파, 양송이버섯, 소금, 후추를 6의 볼에 넣어 섞은 뒤 달군 팬에 올려 빵가루가 노릇해질 때까지 3분 정도 볶는다.

8 7을 그릇에 담고 레몬제스트드레싱을 뿌린다.

빵가루에 다진 양파를 함께 섞는다
가지를 빵가루와 함께 볶으면 수분이 덜 빠져나간다. 또한 빵가루를 묻혀서 튀긴 것처럼 식감이 재미있고 고소한 맛까지 느낄 수 있다.

중급

명란양송이버섯샐러드
—— salted pollack roe and button mushroom salad ——

이 샐러드는 푸드스타일링을 배웠던 선생님께서 알려준 메뉴를 응용한 것입니다. 양송이버섯을 구우면 자꾸 물이 생겨서 어떻게 하면 수분이 덜 나올까 고민하다가 소금에 살짝 절였더니 해결할 수 있었어요. 명란젓 역시 개성이 강해서 조금만 넣어도 맛을 확 바꿔주지요. 개성 있는 재료들이 어우러져 새로운 맛을 보여줍니다.

[재료]

양송이버섯 8개
칵테일새우 100g
명란젓 50g
마요네즈 3큰술
맛술 1큰술
전분 ½큰술
소금 약간
후추 약간
이탈리안파슬리 1줄

[만드는 법]

1 양송이버섯은 소금을 뿌려서 5분 정도 둔다.
2 칵테일새우는 소금물에 흔들어 씻고 물기를 제거한 뒤 굵게 다지고 명란젓은 반으로 갈라 껍질을 벗기고 속만 긁어낸다.
3 2의 다진 칵테일새우와 명란젓에 마요네즈, 맛술, 소금, 후추를 넣고 섞는다.
4 양송이버섯 갓 안쪽에 전분을 묻힌 뒤 털어내고 3을 넉넉히 올린다.
5 달군 팬에 4를 올리고 10분 정도 약불로 굽는다. 오븐에서 구울 경우 150℃로 예열한 오븐에서 7~10분 정도 굽는다.
6 이탈리안파슬리를 잘게 다진 뒤 뿌린다.

양송이버섯에 소금을 뿌린다
양송이버섯에 소금을 뿌려 재우면 간이 적당하게 배는 것은 물론 구울 때 양송이버섯에서 수분이 덜 나와서 더 깔끔하고 풍미를 더욱 높여준다.

중급

감자구이샐러드

—— roasted potato salad ——

삶은 감자에 관한 재미있는 추억이 있어요. 어릴 적 남동생과 감자를 먹으면서 설탕을 찍어 먹는 것인지, 소금을 찍어 먹는 것인지 서로의 방법을 고집하며 싸우곤 했지요. 삶아서만 먹는 줄 알았던 감자를 이제는 다양하게 요리합니다. 감자구이샐러드는 감자를 굽고 두부, 캐슈너트를 더해서 단백질을 풍부하게 섭취할 수 있도록 만들었어요.

[재료]

감자 2개
대파(흰 부분) 2대
올리브유 3큰술
버터 1큰술
타임 다진 것 약간
차이브 다진 것 약간
소금 약간
후추 약간
두부요구르트드레싱
· 두부(부침용) 40g
· 캐슈너트(또는 아몬드) 15g
· 플레인요구르트 1큰술
· 생크림 2작은술
· 올리브유 ½큰술
· 영양부추 잘게 썬 것 10g
· 소금 약간
· 후추 약간

[만드는 법]

1 두부는 물기를 뺀 뒤 나머지 두부요구르트드레싱 재료와 믹서에 넣고 간다.

2 감자는 껍질째 한입 크기로 자르고 올리브유 2큰술, 버터를 넣어 골고루 섞는다.

3 대파는 흰 부분을 5cm 길이로 자른다.

4 오븐 팬에 감자, 대파, 타임을 올린 뒤 올리브유 1큰술, 소금, 후추를 뿌린다.

5 4를 200℃로 예열한 오븐에 넣고 20~25분 정도 굽는다.
　＊오븐에 따라 온도와 시간이 다를 수 있다. 오븐이 없다면 달군 팬에 대파와 타임을 깔고 감자를 올린 뒤 뚜껑을 닫고 굽다가 중간에 한 번 뒤집고 다시 굽는다.

6 5를 오븐에서 꺼내고 두부요구르트드레싱을 넣어 버무린 뒤 차이브를 뿌린다. 좀 더 강한 맛을 원한다면 소금과 후추로 간을 더한다.

두부는 수분을 최대한 제거한다
두부는 두부드레싱을 만들기 전에 수분을 최대한 제거한다. 수분을 제대로 제거하지 않으면 드레싱에 물이 생겨서 샐러드의 맛과 모양을 헤칠 수 있다.

중급

잡곡사과샐러드

—— grains and apple salad ——

잡곡으로 만든 독특한 샐러드입니다. 상하이에서 맛있게 먹었던 고슬고슬한 볶음밥을 떠올리며 달콤하고 짭짤하면서 고소한 맛을 더해줄 쌈장드레싱을 더했어요. 이 샐러드의 포인트는 잡곡입니다. 어떤 잡곡이나 잘 어울리지만 고슬고슬하게 만드는 것이 중요합니다. 자신이 없다면 삶은 뒤 찬물에 담갔다가 물기를 빼서 사용하세요.

[재료](2인 기준)

현미 80g
보리 80g
옥수수 60g
찰수수 40g
쌀 40g
사과 ½개
햄(슬라이스) 2장
어린잎 채소 20g
쌈장드레싱
·다시마국물(또는 채소국물) 2큰술
·깨 2작은술
·들기름 2작은술
·된장 1작은술
·고추장 1작은술
·설탕 1작은술
·마늘 다진 것 1작은술

[만드는 법]

1 현미, 보리, 찰수수, 쌀은 깨끗하게 씻은 뒤 1시간 정도 불린다.

2 옥수수는 알만 떼어낸다.

3 분량의 재료를 골고루 섞어 쌈장드레싱을 만든다.

4 1, 2를 밥솥에 넣고 밥물을 약간 적게 잡은 뒤 고슬고슬하게 밥을 짓는다.

5 사과와 햄은 0.5cm 크기로 깍둑썬다.

6 잡곡밥은 한김 식힌 뒤 사과, 햄, 어린잎 채소를 볼에 넣고 쌈장드레싱과 함께 골고루 버무린다.

물을 적게 잡고 밥을 짓는다

보통 잡곡밥을 지을 때는 쌀밥보다 물을 넉넉하게 넣지만 샐러드를 만들 때는 고슬고슬하게 짓는다. 밥이 질면 다른 재료와 섞기 힘들고 떡처럼 뭉칠 수도 있다. 보통 밥 지을 때보다 물을 적게 넣으므로 1시간 이상 충분히 불려야 딱딱해지지 않는다.

중급

게맛살오이샐러드

—— crab and cucumber salad ——

프랑스 사람들은 김의 비린내를 싫어해서 김을 밥 안으로 숨긴 누드김밥을 만들었다고 합니다. 캘리포니아에 살던 일본인들은 아보카도와 날치알로 캘리포니아롤을 만들었다고 하고요. 이 두 가지를 응용해 샐러드를 만들었습니다. 김 대신 오이를 이용하고, 아보카도 대신 새우와 게살을 사용했습니다. 누구나 그 맛에 반하게 되는 특별한 샐러드를 소개합니다.

[재료]

게맛살 8개
양파 ½개
오이 1개
칵테일새우 50g
날치알 30g
소금 약간
마요네즈고추냉이드레싱
· 마요네즈 2⅔큰술
· 고추냉이 ½작은술
· 꿀 1작은술
· 소금 약간
· 후추 약간

[만드는 법]

1 게맛살은 결대로 찢는다.

2 양파는 깨끗하게 씻어서 채썰고 물에 담가 매운맛을 제거한 뒤 물기를 뺀다.

3 오이는 깨끗하게 씻어서 겉면을 칼로 정리해준 뒤 양끝을 자르고 필러로 길게 긁어낸다.

4 끓는 물에 칵테일새우와 소금을 넣고 20초 정도 데쳤다가 체로 건진 뒤 굵게 다진다.

5 분량의 재료를 골고루 섞어 마요네즈고추냉이드레싱을 만든다.

6 게맛살, 양파, 칵테일새우를 볼에 넣고 마요네즈고추냉이드레싱과 골고루 버무린다.

7 오이를 깔고 6을 돌돌 말아서 접시에 담고 그 위에 날치알을 올린다.

오이로 핑거푸드처럼 말아준다
한입에 먹기 편하도록 마요네즈고추냉이드레싱과 골고루 버무린 게살을 오이로 말아준다. 파티 음식으로 활용한다면 이쑤시개 등으로 고정해서 그릇에 담는다. 더 편하고 보기 좋게 먹을 수 있다.

중급

수박오징어샐러드

—— watermelon and squid salad ——

몇 해 전 촬영을 위해 만들었던 수박샐러드를 새롭게 만들어 보았어요. 그때는 수박을 스쿱으로 떠서 동그랗게 모양을 냈는데 버려지는 부분이 아까웠어요. 그래서 이번에는 네모나게 잘라 버리는 부분이 없도록 했어요. 새콤하면서도 매콤한 맛이 있는 드레싱이 오징어와 수박, 멜론의 맛을 조화롭게 만듭니다. 야외에서도 별미로 먹기 좋은 샐러드입니다.

[재료]

수박 $\frac{1}{8}$통
멜론 $\frac{1}{2}$개
오징어(몸통) 1개
올리브유 1큰술
소금 약간
후추 약간
애플민트(장식용) 약간
세리식초머스터드드레싱
· 세리식초 3큰술
· 올리브유 2큰술
· 꿀 1$\frac{1}{2}$큰술
· 머스터드 $\frac{1}{2}$큰술
· 케이엔페퍼 $\frac{1}{2}$큰술
· 소금 약간
· 후추 약간

[만드는 법]

1 수박과 멜론은 3cm 크기로 깍둑썬다.

2 분량의 재료를 골고루 섞어 세리식초머스터드드레싱을 만든다.

3 오징어는 내장을 빼고 손질한 뒤 소금과 후추로 밑간한다.

4 달군 그릴 팬에 올리브유를 두르고 오징어를 넣어 앞뒤로 노릇하게 5분 정도 중불로 굽는다.

5 오징어는 0.3cm 두께로 둥글게 슬라이스한다.

6 접시에 수박과 멜론을 번갈아 담고 오징어를 곁들인다.

7 세리식초머스터드드레싱을 뿌리고 애플민트로 장식한다.

오징어는 팬을 충분히 달군 뒤 굽는다

오징어는 팬을 충분히 달군 뒤 구워야 한다. 팬이 충분히 달궈지지 않으면 굽는 시간이 길어져 질겨진다. 그릴 자국을 내고 싶다면 그릴 팬에 올리브유를 충분히 두른 뒤 굽는다. 그래야 그릴 자국이 예쁘게 나고 구울 때 연기가 나지 않는다.

중급

과일구이와 리코타
—— grilled fruit and ricotta ——

10여 년 전, 친구네 집에서 파티를 할 때 앞에 놓인 조그만 화로에 사과와 딸기를 하나씩 올려 보았어요. 친구가 왜 장난을 치냐고 한마디하더니 과일을 먹고 나서는 달고 맛있다고 계속 구워달라고 하더라고요. 그때부터 과일을 구워서 먹었어요. 구워서 단맛이 배가된 과일과 직접 만든 리코타를 함께 먹으면 환상의 궁합을 자랑합니다.

[재료]

살구 1개
천도복숭아 1개
콜라비 100g
체리 6알
리코타 50g
올리브유 1큰술
후추 약간
리코타
·우유 2½컵
·생크림 1¼컵
·레몬즙 1½큰술
·소금 1작은술
발사믹소스
·발사믹식초 3큰술
·꿀 1½큰술(또는 설탕 2작은술)
·레몬즙 1큰술
·설탕 1작은술
·소금 약간
·후추 약간

[만드는 법]

1 우유와 생크림을 냄비에 넣고 데워주듯 중약불로 끓인다. 가장자리에 기포가 생기면 약불로 줄이고 소금을 넣어 한두 번 저은 뒤 1분 정도 둔다.

2 레몬즙을 넣고 저어가면서 5분 정도 더 끓인다.

3 볼 위에 면포를 깐 체를 올리고 **2**를 붓는다. 유청이 어느 정도 빠지고 식으면 면포를 싼 뒤 무거운 것을 올리고 냉장고에 반나절 이상 둔다.

4 살구와 천도복숭아는 반으로 잘라 씨를 빼고 웨지 모양으로 5등분한다.

5 콜라비도 천도복숭아와 비슷한 모양으로 자른다.

6 살구, 천도복숭아, 콜라비, 체리를 오븐 팬에 올리고 올리브유와 후추를 뿌린다.

7 **6**을 200℃로 예열한 오븐에서 15분 정도 굽는다.

8 소스 팬에 발사믹소스 재료를 모두 넣고 끓인다. 팬 안쪽에 기포가 올라오면 불을 끄고 식힌다.

9 **7**을 그릇에 담고 **3**의 리코타를 올린 뒤 발사믹소스를 곁들인다.

리코타는 원하는 굳기만큼 유청을 제거한다
리코타는 얼마나 오랫동안 유청을 제거하느냐에 따라 맛과 식감이 달라진다. 리코타 위에 무거운 돌 등을 올린 뒤 냉장고에 반나절 이상 두면 쫀득한 식감의 치즈를 완성할 수 있다. 크림치즈처럼 부드러운 질감을 원한다면 2시간 정도면 된다.

중급

닭고기미나리샐러드
—— chicken and water parsley salad ——

의외로 샐러드와 잘 어울리는 고추장드레싱은 특별한 맛을 내고 싶을 때 가끔 만듭니다. 고
추장에 발사믹식초를 넣어 고추장의 매운맛과 발사믹식초의 새콤한 맛이 어우러져 무척 매
력적입니다. 한국식 샐러드에 참 잘 어울리는 맛이에요.

[재료]

닭고기(안심) 120g
미나리 50g
목이버섯 말린 것 5개
우유 ⅔컵
올리브유 1½큰술
닭고기양념
· 진간장 1½큰술
· 화이트와인 1½큰술
· 참기름 2작은술
· 배즙 2작은술
· 마늘 다진 것 1작은술
고추장드레싱
· 고추장 2큰술
· 발사믹식초 1큰술
· 레몬즙 1큰술
· 설탕 1큰술
· 들기름 1작은술
· 마늘 다진 것 1작은술
· 고추기름 1작은술
· 올리브유 약간
· 후추 약간

[만드는 법]

1 달군 팬에 마늘, 고추기름, 올리브유를 넣고 살짝 볶은 뒤 나머지
   고추장드레싱 재료와 함께 볼에 넣어 골고루 섞는다.

2 닭고기는 한입 크기로 자른 뒤 우유에 담가 20분 정도 재운다.
   흐르는 물에 살짝 씻어 비린 맛을 제거한 뒤 분량의 재료를 골고
   루 섞은 닭고기양념에 20분 정도 재운다.

3 목이버섯은 미지근한 물에 15분 정도 담가서 불린 뒤 헹구고 한
   입 크기로 자른다.

4 미나리는 씻은 뒤 굵은 줄기를 잘라내고 잎과 가는 줄기만 5cm
   길이로 자른다.

5 달군 팬에 올리브유를 두르고 닭고기를 넣어 5분 정도 볶다가
   목이버섯을 넣고 3분 정도 더 볶는다.

6 닭고기와 미나리, 목이버섯을 볼에 넣고 1의 고추장드레싱과 골
   고루 버무린다.

마늘과 고추기름을 볶는다
고추장드레싱을 만들 때는 달군 팬에 마늘과 고추기름, 올리브유를 넣고 볶아
준다. 마늘의 향이 올라오면서 마늘이 약간 갈색이 될 때까지 볶는다. 미리 볶
아서 드레싱에 넣으면 매콤한 향이 살짝 배어 맛이 더욱 깊어진다.

중급

마늘종버섯샐러드
—— pickled garlic stems and mushroom salad ——

마늘종은 마늘의 매운맛을 갖고 있지만 마늘만큼 냄새가 강하지는 않습니다. 마늘종을 늘 먹는 볶음이나 장아찌 말고 샐러드로 만들어보면 어떨까요? 배추와 버섯을 더해 다양한 식감까지 느낄 수 있는 신선한 메뉴입니다.

[재료]

마늘종 3대
알배춧잎 6장
백일송이버섯 100g
맛타리버섯 50g
들기름 약간
소금 약간
미소머스터드드레싱
·미소 2큰술
·화이트와인 2큰술
·생크림 2큰술
·물 2큰술
·맛술 1큰술
·연겨자 2작은술
·매실액 1작은술
·꿀 1작은술

[만드는 법]

1   백일송이버섯, 맛타리버섯은 한 가닥씩 떼어 1cm 길이로 자른다. 마늘종은 0.5cm 두께로 자른다.

2   생크림 제외한 분량의 미소머스터드드레싱 재료를 냄비에 넣고 끓이다 보글보글 끓어오르면 생크림을 넣고 한 번 더 끓인다.

3   배춧잎은 뜨거운 물에 담갔다가 바로 건져서 물기를 뺀다.

4   백일송이버섯, 맛타리버섯도 뜨거운 물에 넣었다 바로 건진 뒤 물기를 뺀다.

5   달군 팬에 들기름을 두르고 마늘종을 넣어 3분 정도 볶다가 소금을 넣는다.

6   마늘종, 백일송이버섯, 맛타리버섯을 볼에 넣고 골고루 섞는다.

7   6을 알배춧잎 위에 올린 뒤 미소머스터드드레싱을 곁들인다.

배춧잎은 뜨거운 물에 살짝 데친다
배춧잎은 뜨거운 물에 잠깐 담갔다가 건진다. 배춧잎을 살짝 데치면 배추 특유의 아삭함은 유지되면서 숨이 살짝 죽어서 먹기가 편하다. 데친 뒤 체에 밭쳐 물기를 빼거나 키친타월로 닦아주면 된다.

문어샐러드
—— octopus salad ——

몇 년 전, 유자청을 이용한 요리를 소개한 적이 있습니다. 그때 반응이 좋았던 유자드레싱을
문어와 응용했습니다. 식사로도 좋지만 안주로 내놓아도 무척 근사합니다. 낯선 조합일 수도
있지만 은근히 잘 어울리는 문어와 유자의 색다른 맛을 느껴보세요.

[재료]

자숙문어(다리) 2개
래디시 4개
샬롯 3개
올리브유 1½큰술
버터 1작은술
소금 약간
간장유자드레싱
·식초 4큰술
·유자청 3큰술
·올리브유 2큰술
·간장 1큰술
·소금 약간
·후추 약간

[만드는 법]

1 자숙문어는 흐르는 물에 씻은 뒤 끓는 물에 살짝 데친다.
2 분량의 재료를 골고루 섞어 간장유자드레싱을 만든 뒤 냉장고에
 넣어둔다.
3 래디시와 샬롯은 깨끗하게 씻은 뒤 샬롯을 반으로 자른다.
4 달군 팬에 분량의 반 정도의 올리브유를 두르고 자숙문어를 넣
 어 앞뒤를 통으로 굽는다.
5 자숙문어를 꺼낸 뒤 같은 팬에 나머지 올리브유와 버터를 넣고
 래디시와 샬롯을 볶다가 소금을 뿌린다.
6 자숙문어와 래디시, 샬롯을 접시에 담고 간장유자드레싱을 뿌
 린다.

문어는 올리브유를 두르고 굽는다

문어는 올리브유와 궁합이 좋다. 달군 팬에 올리브유를 두르고 문어를 구우면
골고루 익기도 하지만 올리브유가 문어의 맛을 끌어올려서 향과 맛이 더욱 풍
부해진다.

소고기청경채샐러드
—— beef and bok choy salad ——

청경채는 특별한 향이나 맛이 있는 채소는 아니지만 요리법에 따라 다양한 식감을 즐길 수 있는 매력적인 재료입니다. 드레싱을 곁들여 생으로 먹거나 살짝 볶아서 먹으면 더욱 맛있어요. 피시소스와 고춧가루를 넣어 겉절이처럼 즐기는 방법도 있습니다. 소고기, 두반장드레싱을 더해 샐러드로 만들면 특별한 느낌을 줄 수 있어요.

[재료]

소고기 다진 것 100g
청경채 4포기
마늘 2알
포도씨유 약간
참기름 약간
소금 약간
두반장드레싱
· 두반장 2큰술
· 매실청 2큰술
· 굴소스 1큰술
· 마늘 다진 것 1작은술
· 참기름 1작은술
· 소금 약간
· 후추 약간

[만드는 법]

1 소고기는 참기름과 소금을 넣고 버무린 뒤 20분 정도 밑간한다.
2 청경채는 깨끗하게 씻은 뒤 길이로 반을 자르고 마늘은 슬라이스한다.
3 분량의 재료를 골고루 섞어 두반장드레싱을 만든다.
4 달군 팬에 포도씨유를 두르고 마늘을 넣어 볶다가 두반장드레싱을 넣고 1분 정도 더 볶는다.
5 4에 소고기를 넣고 익을 때까지 8분 정도 더 볶는다.
6 5에 청경채를 넣고 숨이 죽지 않도록 살짝 볶은 뒤 참기름을 두르고 접시에 담는다.

청경채는 재빨리 볶는다
청경채는 금방 숨이 죽기 때문에 볶는다기보다 살짝 양념을 입힌다는 느낌으로 가볍게 뒤적여준다. 청경채는 마지막 단계에 넣고 볶아야 아삭함을 그대로 즐길 수 있다.

중급

콩파스타샐러드
—— bean and pasta salad ——

바질페스토는 다양한 제품을 쉽게 구할 수 있어요. 그러나 귀찮음을 무릅쓰고 직접 만들어서 보관해두면 마음까지 든든합니다. 쉬운 요리도 훌륭한 메뉴로 만들어주는 바질페스토에 콩을 더해 샐러드를 즐겨보세요. 콩이 더욱 맛있어지는 레시피입니다.

[재료]

스파게티 70g
렌틸콩 30g
강낭콩 25g
그린올리브(씨 없는 것) 6알
올리브유 3큰술
월계수잎 1장
파르메산 간 것 약간
꿀 약간
소금 약간
후추 약간
바질페스토
· 올리브유 1½컵
· 바질잎 80g
· 파르메산 40g
· 잣 15g
· 마늘 1알
· 소금 약간
· 후추 약간

[만드는 법]

1 강낭콩은 깨끗하게 씻어서 6시간 정도 불린 뒤 끓는 물에 넣어 20분 정도 삶아 건진 뒤 물기를 제거한다.

2 렌틸콩과 월계수잎은 끓는 물에 넣어 20분 정도 삶은 뒤 물기를 제거한다.

3 달군 팬에 올리브유 2큰술을 두르고 렌틸콩과 강낭콩을 넣어 한 번 볶은 뒤 식힌다.

4 푸드프로세서에 분량의 바질페스토 재료를 넣고 곱게 간다.

5 그린올리브는 반으로 자른다.

6 렌틸콩, 강낭콩, 그린올리브를 바질페스토에 넣어 버무린 뒤 30분 정도 둔다.

7 끓는 물에 스파게티와 소금을 넣고 8분 정도 삶고 물기를 제거한 뒤 올리브유 1큰술을 넣어 버무린다.

8 달군 팬에 6, 7을 넣고 살짝 볶는다.

9 그릇에 담고 파르메산을 뿌린다.

재료를 바질페스토에 미리 버무린다
렌틸콩, 강낭콩, 그린올리브를 바질페스토에 버무린 뒤 30분 정도 두면 바질의 향긋함이 재료에 스며든다. 볶지 않아도 이 자체만으로 훌륭한 사이드 메뉴가 된다. 좋아하는 다른 재료를 활용해 다채로운 샐러드를 즐겨도 좋다.

불고기샐러드
—— bulgogi salad ——

우리나라의 대표 음식인 불고기는 햄버거, 샌드위치, 덮밥 등으로 다양하게 활용되고 있지만 샐러드는 낯설 수도 있습니다. 샐러드라 양념을 강하게 만들지 않고 바삭하게 튀기듯 구운 마늘을 토핑으로 올렸어요. 불고기와 마늘, 채소의 조합이 좋아서 식사 메뉴로도 거뜬합니다.

[재료]

소고기(불고기용) 150g
라디치오 20g
마늘 3알
포도씨유 2½큰술
불고기양념
· 간장 1큰술
· 맛술 1큰술
· 파 다진 것 ½큰술
· 설탕 ½큰술
· 참기름 ½큰술
· 물엿 2작은술
· 마늘 다진 것 1작은술
· 후추 약간
사과드레싱
· 사과 다진 것 15g
· 올리브유 1½큰술
· 발사믹식초 2작은술
· 양파 다진 것 2작은술
· 매실청 ½큰술
· 꿀 1작은술
· 파프리카가루 ½작은술

[만드는 법]

1 분량의 불고기 양념을 골고루 섞은 뒤 소고기를 넣어 30분 정도 재운다.
2 라디치오는 깨끗하게 씻고 채썬 뒤 찬물에 담갔다가 아삭해지면 꺼내 물기를 제거한다.
3 마늘은 얇게 편으로 썬 뒤 달군 팬에 포도씨유를 두르고 튀기듯 굽는다.
4 분량의 재료를 골고루 섞어 사과드레싱을 만든다.
5 달군 팬에 소고기를 넣고 익을 때까지 7~10분 정도 볶는다.
6 소고기, 라디치오, 마늘을 보기 좋게 접시에 담는다.
7 먹기 전에 사과드레싱을 뿌린다.

마늘은 튀기듯 굽는다

마늘은 씹는 맛을 살리기 위해 튀기듯 굽는다. 마늘이 잠길 정도로 기름을 넉넉하게 두르고 충분히 기름을 달군 뒤 마늘을 넣는다. 쉽게 탈 수 있으니 주의하고 뒤집어주면서 굽다가 갈색이 나면 바로 건진다.

닭고기쌀국수샐러드
—— chicken and rice noodle salad ——

쌀국수를 먹으러 식당에 가면 가장 먼저 물어보는 질문이 있습니다. "고수 추가되나요? 많이 주세요!" 처음 고수를 먹었을 때는 그 강한 향이 부담스러웠는데 지금은 푹 빠져버렸지요. 호불호가 강한 고수가 들어간 샐러드라서 드레싱은 고소하게 만들었습니다. 아직 고수의 매력을 모르겠다면 고소하게 먹을 수 있는 이 샐러드로 서서히 고수의 맛에 도전해보길 권합니다.

[재료]

닭고기(가슴살) 60g
쌀국수 140g
숙주 40g
적양파 $\frac{1}{4}$개
고수 3줄
참기름 2작은술
마늘 다진 것 1작은술
적후추 약간
깨 약간
소금 약간
땅콩버터드레싱
· 땅콩버터 2$\frac{1}{2}$큰술
· 물 2큰술
· 호이신소스 1$\frac{1}{2}$큰술
· 식초 $\frac{1}{2}$큰술
· 간장 $\frac{1}{2}$큰술
· 참기름 1작은술
· 피시소스 1작은술
· 생강가루 약간

[만드는 법]

1   쌀국수를 살짝 삶아서 얼음물에 담근 뒤 체에 밭쳐 물기를 제거한다.
2   분량의 재료를 골고루 섞어 땅콩버터드레싱을 만든다.
3   숙주는 씻어서 물기를 제거하고 적양파는 얇게 슬라이스하고 고수는 먹기 좋게 자른다.
4   달군 팬에 닭고기를 넣고 소금을 살짝 뿌린 뒤 중불에서 앞뒤로 노릇하게 익힌 다음 0.5cm 두께로 슬라이스한다.
5   1의 쌀국수와 숙주, 적양파, 참기름, 마늘, 적후추, 깨, 땅콩버터드레싱을 볼에 넣고 골고루 버무린다.
6   5를 그릇에 담고 닭고기와 고수를 올린다.

닭고기는 갈색이 될 때까지 굽는다

닭고기는 육즙이 빠져나가지 않도록 주의하며 앞뒤로 노릇하게 굽는다. 뚜껑을 닫고 앞뒤를 각 4분 정도 중불에서 구워야 겉은 바삭하고 속은 제대로 익은 촉촉한 닭고기가 완성된다.

모둠버섯샐러드
—— assorted mushroom salad ——

버섯은 은은한 향과 식감도 좋지만 어떤 재료와도 잘 어울리기 때문에 무척 좋아합니다. 생으로, 볶음으로, 무침으로, 튀김으로, 조림으로 등 다양한 조리법에도 잘 어울립니다. 새콤한 레몬발사믹드레싱을 곁들여 평소에 자주 먹지 않는 스타일로 버섯을 변신시켰어요. 덮밥이나 샌드위치로도 활용할 수 있는 메뉴입니다.

[재료]

표고버섯 3개
새송이버섯 2개
백일송이버섯 40g
느타리버섯 40g
양파 ½개
올리브유 3큰술
소금 약간
후추 약간
발사믹식초드레싱
· 발사믹식초 3큰술
· 레몬즙 1큰술
· 설탕 1작은술
· 소금 약간
· 후추 약간

[만드는 법]

1 표고버섯은 갓 뒷면의 불순물을 제거하고 2등분한다.

2 새송이버섯은 2.5cm 두께로 둥글게 썰고 백일송이버섯, 느타리버섯은 한 가닥씩 뜯는다.

3 양파는 1.5cm 두께로 둥글게 슬라이스한 뒤 달군 그릴 팬에 올리브유 1큰술을 두르고 굽는다.

4 분량의 발사믹식초드레싱 재료를 냄비에 넣고 끓이다가 거품이 올라오면 다듬어둔 버섯, 올리브유 2큰술, 소금을 넣어 버섯에 윤기가 날 때까지 조린다.

5 양파와 버섯을 그릇에 담고 후추를 뿌린다.

버섯을 발사믹식초드레싱에 조린다
드레싱에 버섯을 조리면 감칠맛과 풍미가 배어 더욱 맛있게 즐길 수 있다. 드레싱에 거품이 올라오기 시작하면 1분 정도 더 끓이다가 버섯을 넣고 중불로 줄여 조린다.

참치채소샐러드
— tuna and vegetable salad —

참치를 좋아해서 이런저런 요리에 활용하곤 합니다. 샐러드로도 만들었는데 식사용 샐러드로는 조금 부족한 듯해서 양을 넉넉하게 넣었어요. 고소한 드레싱에 매콤한 고춧가루를 더해서 느끼하지 않고 참치의 풍미가 잘 어우러져요. 더 매콤한 맛을 좋아한다면 까나리액젓과 고춧가루를 조금씩 늘려보세요.

[재료]

참치 100g
버터헤드레터스 30g
영양부추 20g
사과 ½개
까나리액젓 1작은술
고춧가루 1작은술
올리브유 약간
깨식초드레싱
· 깨 6큰술
· 마늘 1알
· 배 ¼개
· 꿀 ½큰술
· 식초 2큰술
· 땅콩버터 1큰술
· 들기름 ½큰술
· 올리브유 ½큰술

[만드는 법]

1 달군 팬에 기름을 두르지 않고 참치를 올려서 겉면만 살짝 굽는다.

2 구운 참치는 4cm 크기로 깍둑썰기 한다.

3 버터헤드레터스는 깨끗하게 씻은 뒤 먹기 좋은 크기로 자르고 영양부추는 4cm 길이로 자른다.

4 사과는 껍질을 벗기고 웨지 모양으로 5~6등분한다.

5 올리브유를 키친타월에 묻혀 달군 팬에 입히는 정도로 바른 뒤 사과를 굽는다.

6 깨, 마늘, 배, 꿀, 식초, 들기름, 올리브유를 믹서에 넣고 간다. 땅콩버터를 넣고 다시 한 번 갈아서 깨식초드레싱을 만든다.

7 참치, 버터헤드레터스, 영양부추, 사과, 깨식초드레싱, 까나리액젓과 고춧가루를 볼에 넣고 골고루 버무린다.

참치는 통으로 굽는다
참치는 많이 익히지 말고 불 맛만 더할 수 있도록 겉면이 살짝 익도록 굽는다. 참치를 구워서 자르면 부서지지 않고 깔끔하게 자를 수 있다. 버무릴 때도 참치 모양이 흐트러지지 않는다.

중급

연어보리아보카도샐러드
—— salmon and barlry salad with abocado ——

이 샐러드를 만들면서 연어를 좋아하는 엄마가 생각났어요. 혈당 조절에 도움을 주는 보리
가 들어가 당뇨가 있는 엄마도 좋아하는 샐러드거든요. 보리를 샐러드에 응용해보세요. 서
양 재료인 쿠스쿠스, 퀴노아 등과 비교해도 영양이나 식감이 떨어지지 않는 훌륭한 메뉴를
완성시켜줍니다.

[재료](2인 기준)

연어 200g
보리 200g
아보카도 1개
무순 1줌
레몬즙 2작은술
올리브유 약간
된장드레싱
· 청양고추 작은 것 $\frac{1}{2}$개
· 올리브유 2큰술
· 깨 1$\frac{1}{2}$큰술
· 된장 1큰술
· 매실액 1큰술
· 고춧가루 1큰술
· 멸치액젓 $\frac{1}{2}$큰술
· 마늘 다진 것 1작은술
· 소금 약간

[만드는 법]

1 보리는 깨끗하게 씻은 뒤 고슬고슬하게 밥을 짓는다.
　 *물에 넣고 삶아도 된다.
2 아보카도는 반으로 잘라 씨를 뺀 뒤 껍질을 벗기고 모양대로 슬
　 라이스한 다음 레몬즙을 뿌린다.
3 달군 팬에 올리브유를 두르고 연어를 넣어 구운 뒤 살을 먹기 좋
　 은 크기로 발라낸다.
4 청양고추는 잘게 다진다.
5 4와 나머지 재료를 골고루 섞어 된장드레싱을 만든다.
6 연어와 보리, 무순을 된장드레싱과 골고루 섞은 뒤 그릇에 담는다.
7 아보카도를 올린다.

연어는 살을 발라낸다
연어를 구울 때는 올리브유를 많이 넣지 말고 연어 자체에서 나오는 기름을 이
용해 굽는다. 센불로 구우면 겉만 탈 수 있으므로 중불에서 껍질부터 익혀야
한다. 연어는 구우면 살이 쉽게 부서지기 때문에 살을 바를 때는 살결 방향대
로 손으로 발라낸다.

중급

미니단호박안초비샐러드
—— mini pumpkin and anchovy salad ——

미니단호박은 단호박보다 당도가 높습니다. 작아서 당도가 응축된 것이 아니라 후숙을 거치기 때문이라고 합니다. 큰 단호박보다 요리하기도 편하지요. 캐러멜라이징한 양파를 단호박에 곁들여 더욱 풍미를 높인 샐러드입니다. 탄수화물과 단백질도 적당해서 다이어트용 샐러드로도 좋아요.

[재료]

미니단호박 1개
안초비 4~5개
그린올리브(씨 없는 것) 5알
올리브유 1큰술
양파세리식초드레싱
· 양파 1개
· 올리브유 2큰술
· 세리식초 2큰술
· 설탕 1큰술
· 파슬리 다진 것 1큰술
· 소금 약간
· 백후추 약간

[만드는 법]

1 안초비와 그린올리브는 잘게 다진 뒤 달군 팬에 올리브유를 두르고 3분 정도 볶는다.

2 미니단호박은 깨끗하게 씻고 반으로 자른 뒤 씨를 제거하고 5등분하고 양파는 채썬다.

3 달군 그릴 팬에 미니단호박을 넣고 그릴 자국이 날 때까지 중약불에서 노릇하게 굽는다.

4 달군 팬에 올리브유를 두르고 양파와 소금을 넣어 중약불에서 갈색이 될 때까지 볶는다.

5 양파를 식힌 뒤 나머지 양파세리식초드레싱 재료를 넣고 골고루 섞는다.

6 미니단호박 위에 양파세리식초드레싱을 올린 뒤 1을 올린다.
  *파르메산 간 것을 토핑으로 뿌려도 좋다.

양파는 캐러멜라이징한다
양파를 약불에서 오랫동안 볶으면 수분이 날아가고 색깔이 변하면서 캐러멜라이징된다. 양파를 캐러멜라이징하면 단맛과 감칠맛이 올라가서 요리의 맛을 상승시켜준다.

중급

낙지샐러드
—— small octopus salad ——

기운이 없을 때는 신선한 낙지로 요리를 합니다. 다른 사람들은 삼계탕으로 몸보신을 하는 날에도 저는 산낙지를 먹어요. 낙지는 고추냉이와 잘 어울립니다. 코를 톡 쏘는 자극적인 맛이 낙지의 쫄깃함과 어우러져 무척 매력적입니다. 반드시 싱싱한 낙지로 만드세요.

[재료]

낙지 200g
셀러리 ½대
래디시 1개
레몬즙 ½큰술
고추냉이타르타르드레싱
· 마요네즈 2½큰술
· 올리브유 2큰술
· 고추냉이 ½큰술
· 레몬즙 ½큰술
· 실파 다진 것 2작은술
· 양파 다진 것 1작은술
· 케이퍼 다진 것 1작은술
· 소금 약간
· 후추 약간

[만드는 법]

1 낙지는 내장과 먹물을 제거하고 소금으로 박박 문질러 씻는다.
2 끓는 물에 낙지를 넣고 중불에서 20초 정도 데친 뒤 얼음물에 담 갔다 건져둔다.
3 낙지에 레몬즙을 뿌린 뒤 2cm 두께로 자른다.
4 분량의 재료를 골고루 섞어서 고추냉이타르타르드레싱을 만든 뒤 차갑게 둔다.
5 셀러리는 깨끗하게 씻어서 억센 겉껍질을 벗기고 1cm 크기로 자른다. 래디시는 얇게 슬라이스한다.
6 낙지, 셀러리, 래디시를 볼에 담고 고추냉이타르타르드레싱과 골고루 섞는다.

낙지는 데친 뒤 얼음물에 담근다
낙지를 데친 뒤 얼음물에 담갔다가 건지면 더 쫀득한 식감을 살릴 수 있다. 자르고 나서 데치는 것보다 살짝 데친 뒤 자르면 더 편하다. 낙지에 레몬즙을 뿌리면 비린내를 제거할 수 있다.

중급

콥샐러드
—— cobb salad ——

많은 레스토랑에서 흔하게 볼 수 있는 콥샐러드는 '콥'이라는 이름의 셰프가 냉장고에 있는
재료를 활용해 만든 샐러드입니다. 꼭 레시피에 있는 재료가 아니더라도 얼마든지 집에 있는
재료를 응용할 수 있습니다. 다양한 색의 재료를 사용하면 보기에도 좋습니다.

[재료]

달걀 삶은 것 1개
아보카도 1개
닭고기(가슴살) 100g
베이컨 3줄
고르곤졸라 60g
토마토 1개
레몬즙 2작은술
파르메산 간 것 약간
소금 약간
후추 약간
요구르트마요네즈드레싱
· 플레인요구르트 3큰술
· 마요네즈 2큰술
· 크림치즈 ½큰술
· 레몬즙 ½큰술
· 꿀 1작은술
· 소금 약간
· 후추 약간

[만드는 법]

1 달걀은 1cm 크기로 깍둑썬다.
2 아보카도는 반으로 잘라 씨를 제거한 뒤 레몬즙을 뿌리고 1cm
   크기로 깍둑썬다.
3 닭고기는 소금과 후추를 뿌린 뒤 달군 팬에 넣어 앞뒤로 노릇하
   게 굽고 1cm 크기로 깍둑썬다.
4 베이컨은 바싹 구운 뒤 1cm 크기로 자른다.
5 고르곤졸라는 손으로 작게 자른다.
6 토마토는 반으로 잘라 씨를 제거하고 물기를 뺀 뒤 1cm 크기로
   자른다.
7 분량의 재료를 골고루 섞어 요구르트마요네즈드레싱을 만든다.
8 달걀, 아보카도, 닭고기, 베이컨, 고르곤졸라, 토마토를 접시에
   가지런하게 담는다.
9 요구르트마요네즈드레싱을 올린 뒤 파르메산을 뿌린다.

새콤한 드레싱이 어울린다

콥샐러드는 다양한 재료가 들어가서 요구르트, 크림치즈, 마요네즈 등이 들어
간 새콤한 드레싱과 잘 어울린다. 크림치즈처럼 단단한 재료는 되직해서 단독
으로는 드레싱을 만들기 힘들지만 요구르트, 마요네즈와 섞으면 고소한 맛이
더해지며 질감도 더 부드러워진다.

중급

시금치마샐러드
—— spinach and yam salad ——

마는 굽거나 찌면 감자와 비슷한 맛이 납니다. 여기에 검은깨드레싱을 곁들이면 고소하고 담백한 맛을 더할 수 있어요. 맛이 다소 밋밋할 수 있으니 시금치 등 어린잎을 넣어주면 맛도 다채로워지고 영양면에서도 모자람이 없지요. 우유검은깨드레싱은 냉장고에서 4일 정도 보관 가능하므로 넉넉히 만들어서 다른 샐러드에 활용해도 좋아요.

[재료]

마 150g
어린 시금치 50g
강낭콩 30g
올리브유 약간
우유검은깨드레싱
· 우유 3½큰술
· 생크림 1½큰술
· 검은깨 간 것 1½큰술
· 땅콩버터 1½큰술
· 올리브유 1큰술
· 진간장 1큰술
· 들깨 ⅔큰술
· 화이트와인 1작은술
· 올리고당 1작은술
· 양파 ¼개

[만드는 법]

1 강낭콩은 3시간 이상 충분히 불린 뒤 뜨거운 물에 넣어 20분 정도 삶아서 건진다.

2 양파는 잘게 다진 뒤 달군 팬에 올리브유를 두르고 볶는다.

3 2와 나머지 우유검은깨드레싱 재료를 볼에 담고 덩어리 없이 부드러워질 때까지 골고루 섞는다.

4 마는 껍질을 벗기고 한입 크기로 자른 뒤 달군 팬에 올리브유를 두르고 굽는다.

5 시금치는 깨끗하게 씻은 뒤 물기를 제거하고 한입 크기로 뜯는다.

6 마, 시금치, 강낭콩을 우유검은깨드레싱과 골고루 버무린다.

마는 팬에 굽는다
마에는 뮤신mucin이라는 점액 물질이 있다. 이 점액 때문에 마를 좋아하지 않는 사람이 많은데 마를 살짝 구우면 아삭하고 부담 없이 먹을 수 있다. 너무 오래 가열하면 영양분이 파괴되니 적당하게 굽는다.

시트러스치즈구이
—— roasted citrus fruits and cheese ——

제주에서 나는 새콤하고 향긋한 과일로 샐러드를 만들었습니다. 과일만으로는 부족한 영양을 치즈로 보충해서 간식이 아닌 식사로도 좋습니다. 오븐에 구웠지만 차갑게 먹어도 좋은, 새콤하고 달콤한 시트러스 과일의 매력을 그대로 즐길 수 있는 샐러드입니다.

[재료]

귤 1개
황금향 1개
자몽 ½개
브리 30g
고르곤졸라 30g
꿀 3큰술
올리브유 2큰술
시나몬가루 약간
바질잎 채 썬 것 약간
소금 약간
후추 약간

[만드는 법]

1 귤, 황금향, 자몽은 깨끗하게 씻어서 껍질을 제거한 뒤 1cm 두께로 둥글게 슬라이스한다.

2 브리와 고르곤졸라는 잘게 잘라서 꿀과 함께 섞는다.

3 귤, 황금향, 자몽을 오븐 팬에 올리고 올리브유 1큰술을 뿌린다.

4 3을 200℃로 예열한 오븐에서 15분 정도 굽는다.
  ＊오븐에 따라 온도가 다를 수 있으니 계속 확인한다.

5 4를 그릇에 담은 뒤 고르곤졸라와 브리를 군데군데 올린다.

6 바질잎을 올리고 남은 올리브유와 시나몬가루, 소금, 후추를 뿌린다.

오븐 팬에 과일을 올리고 올리브유를 뿌린다

시트러스 계열의 과일은 신진대사를 촉진시켜서 겨울에 섭취하면 더 좋다고 한다. 오븐에 구우면 과일의 단맛이 더 강해지는데 올리브유를 살짝 뿌리면 과일의 당분 때문에 오븐 팬에 붙는 것을 어느 정도 막을 수 있다.

중급

채소잡채샐러드
—— stir-fried vegetables salad ——

잡채는 한국인이라면 싫어할 수 없는 요리입니다. 그러나 재료를 손질하기가 쉽지 않아서 자주 만들지는 않지요. 저 역시 잡채가 먹고 싶으면 큰맘을 먹고 많은 시간을 들여 만듭니다. 그러나 간장양파드레싱만 만들어두면 손쉽게 잡채를 즐길 수 있어요. 이 드레싱은 다른 볶음 요리에도 활용하기 좋습니다.

[재료](2인 기준)

당면 300g
석파프리카 1개
청파프리카 1개
표고버섯 3개
우엉 100g
올리브유 2큰술
참기름 1큰술
간장양파드레싱
·양파 ½개
·간장 ½컵
·물 ¼컵
·올리고당 2큰술
·마늘 다진 것 ½큰술
·참기름 ½큰술
·식초 1작은술
·매실청 1작은술

[만드는 법]

1 파프리카, 표고버섯은 깨끗하게 씻은 뒤 0.3cm 두께로 채썬다. 우엉은 씻어 껍질을 벗긴 뒤 같은 크기로 채썬다.

2 당면은 끓는 물에 넣어 10분 정도 삶고 물기를 제거한 뒤 참기름에 버무린다.

3 달군 팬에 올리브유를 두르고 파프리카, 표고버섯, 우엉을 넣고 1분 정도 살짝 볶는다.

4 양파는 다진 뒤 냄비에 간장, 물과 함께 넣어 끓이고 한 번 끓어오르면 불을 끄고 식힌다.

5 4에 나머지 간장양파드레싱 재료를 넣고 골고루 섞는다.

6 당면, 파프리카, 표고버섯, 우엉을 볼에 담고 간장양파드레싱과 골고루 버무린다.

당면은 참기름에 버무린다
삶은 당면은 물기를 제거하고 참기름에 버무리면 면이 들러붙는 것을 방지할 수 있다. 간장양파드레싱과 버무리기도 훨씬 편하다.

중급

두부스테이크샐러드
—— tofu steak salad ——

두부를 기름에 튀기면 바삭하고 고소한 식감이 무척 매력적입니다. 두부를 튀길 때는 반드시 물기를 빼야 합니다. 면포나 키친타월로 두부를 감싸고 무거운 도마를 위에 올리면 쉽게 물기를 짤 수 있어요. 이 샐러드는 두부 위에 볶은 채소를 올렸지만 두부 사이에 볶은 채소를 넣고 전분가루를 묻혀서 튀기면 색다른 두부스테이크를 만날 수 있습니다.

[재료]
두부 ½모
당근 ⅓개
청파프리카 ½개
황파프리카 ½개
표고버섯 2개
전분 3큰술
올리브유 3큰술
소금 약간
오렌지드레싱
· 오렌지 ½개
· 올리브유 2큰술
· 설탕 2큰술
· 식초 2큰술
· 간장 1½큰술
· 꿀 ½큰술
· 참기름 2작은술

[만드는 법]
1 두부는 물기를 제거한 뒤 너비로 2등분, 길이로 2등분해서 4조각으로 만든 다음 소금을 뿌린다.
2 오렌지는 즙을 짠 뒤 분량의 재료를 골고루 섞어 오렌지드레싱을 만든다.
3 당근, 파프리카, 표고버섯은 0.5cm 크기로 깍둑썬다.
4 두부에 전분을 입힌 뒤 달군 팬에 올리브유 2큰술을 두르고 두부를 넣어 바싹 굽는다.
5 다른 팬에 나머지 올리브유를 두르고 당근을 넣어 볶다가 파프리카, 표고버섯을 순서대로 넣고 볶는다.
6 오렌지드레싱을 ½큰술 정도 남기고 5에 넣은 뒤 조금 더 볶는다.
7 접시에 두부를 담고 6을 올린 뒤 남은 오렌지드레싱을 뿌린다.

두부는 수분을 완전히 제거하고 전분을 입힌다
두부는 물기를 완전히 제거한 뒤 전분을 입힌다. 두부 표면에 수분이 남아 있으면 전분이 깨끗하게 입혀지지 않고 덩어리지듯 뭉친다. 전분을 묻히고 나서는 두부를 손바닥에 올려 탁탁 털어준다. 그래야 전분옷이 두꺼워지거나 모양이 울퉁불퉁해지지 않는다.

중급

퀴노아연어포케
—— quinoa and salmon focke ——

항상 먹던 샐러드가 아닌 색다른 샐러드에 도전하고 싶다면 퀴노아연어포케를 추천합니다.
포케는 하와이의 로컬 음식으로 토막 생선을 채소나 해초와 함께 밥 위에 올려 먹는 덮밥 같
은 음식입니다. 아보카도와 연어를 넣고 퀴노아를 고슬고슬하게 볶아서 만들었어요. 새콤한
맛을 살려 덮밥보다는 샐러드에 가깝답니다.

[재료](2인 기준)

연어 300g
양상추 100g
래디시 2개
아보카도 1개
조미김 5장
퀴노아 60g
레몬즙 4작은술
깨 약간
올리브유 적당량
스리라차드레싱
· 스리라차소스 2큰술
· 마요네즈 1½큰술
· 날치알 1큰술
· 설탕 1작은술
· 발사믹식초 1작은술
· 소금 약간

[만드는 법]

1 연어는 2cm 크기로 깍둑썰고 레몬즙을 1작은술을 뿌린다.
2 양상추는 깨끗하게 씻어서 먹기 좋은 크기로 자르고 래디시는
   얇게 슬라이스한다.
3 아보카도는 반으로 잘라 씨를 제거하고 레몬즙 1작은술을 뿌린
   뒤 1.5cm 크기로 깍둑썬다.
4 퀴노아는 끓는 물에 넣어 10분 정도 삶은 뒤 물기를 완전히 제거
   하고 달군 팬에 올리브유를 두르고 튀겨내듯 볶는다.
5 조미김은 잘게 부순다.
6 퀴노아와 레몬즙 2작은술, 조미김, 깨를 볼에 넣고 버무린다.
7 분량의 재료를 골고루 섞어 스리라차드레싱을 만든다.
8 연어를 스리라차드레싱과 골고루 섞는다.
9 그릇에 양상추를 깔고 6을 담은 뒤 연어, 아보카도, 래디시를 올
   린다.

연어에 레몬즙을 뿌린다
연어에 레몬즙을 뿌리면 비린내를 잡아주고 레몬에 함유된 산이 연어의 살을
좀 더 탱탱하게 만들어준다.

중급

해초톳샐러드
—— seaweed and hizikia salad ——

해초와 톳은 요즘 다양한 요리에 활용하는 인기 재료입니다. 밥을 지을 때도, 볶음 요리에도 많이 사용되지요. 시중에서도 식이 보충제로 나온 해초를 쉽게 구할 수 있습니다. 해초와 채소로 만든 이 건강한 샐러드는 기호에 따라 재료를 더 추가해도 좋아요. 이 레시피는 해물을 넣었지만 실곤약을 더하면 다이어트 메뉴로도 충분합니다.

[재료]

해초(염장) 50g
톳(염장) 50g
오징어(몸통) 1마리
오이 $\frac{1}{2}$개
깨 약간
소금 약간
간장매실드레싱
·간장 1큰술
·레몬즙 1큰술
·맛술 1큰술
·매실청 $\frac{1}{2}$큰술
·고춧가루 2작은술
·설탕 1작은술
·들기름 1작은술

[만드는 법]

1 해초와 톳은 소금을 털고 물에 30분 정도 담가둔 뒤 여러 번 헹군다.

2 오징어는 손질해서 껍질을 제거한 뒤 끓는 물에 소금과 오징어를 넣어 1분 30초 정도 데쳤다가 건진다.

3 오징어는 1cm 두께로 둥글게 슬라이스한다.

4 오이는 깨끗하게 씻은 뒤 길이로 반을 자르고 0.2cm 두께로 어슷썬다.

5 분량의 재료를 골고루 섞어 간장매실드레싱을 만든다.

6 해초와 톳, 오징어, 오이를 간장매실드레싱과 버무리고 깨를 뿌린다.

해초와 톳은 물에 담가둔다

해초와 톳은 여러 번 털어서 소금과 불순물을 제거한다. 해초와 톳에 있는 소금기를 빼기 위해서는 물에 30분 정도 담가두었다가 찬물에 여러 번 헹궈야 한다. 그래야 짠맛은 빠지고 드레싱의 맛이 잘 스며든다.

중급

Part4 _ 고급

조리법이 복잡하고 재료도 다양해졌지만 보다
근사하게 완성할 수 있습니다. 특별한 날이나
색다른 메뉴를 만들고 싶을 때 추천합니다.

호박리코타샐러드
—— zucchini and ricotta salad ——

깻잎 특유의 향을 그다지 좋아하지 않는 사람들이 있습니다. 그런 사람들도 이 샐러드를 맛
보면 깻잎의 맛을 재발견할 수 있을 거예요. 뜨거운 물에 데친 호박을 얼음물에 담가 식감을
살려야 더욱 맛있습니다. 여기에 리코타를 곁들이면 정말 잘 어울립니다. 샐러드뿐 아니라 샌
드위치로 만들어도 맛있어요.

[재료]

주키니 ½개
애호박 ½개
마늘 6알
양송이버섯 3개
잣 10g
리코타 2½큰술
올리브유 2큰술
애플민트(장식용) 약간
소금 약간
깻잎페스토
· 깻잎 10장
· 올리브유 ⅔컵
· 마늘 2알
· 파르메산 간 것 2½큰술
· 잣 40g
· 애플민트 30g
· 캐슈너트 20g
· 레몬즙 2작은술

[만드는 법]

1 리코타를 만든다.(p.140 만드는 법 참고)
2 분량의 재료를 핸드블렌더에 갈아서 깻잎페스토를 만든다.
3 주키니와 애호박은 씻은 뒤 필러로 얇게 슬라이스한 다음 뜨거운
　물에 소금을 넣어 살짝 데친다. 색깔이 선명해지면 바로 건진다.
4 3을 얼음물에 10분 정도 담가 아삭하게 만들고 체에 받쳐 물기
　를 제거한다.
5 양송이버섯은 세로로 2등분한다.
6 달군 팬에 올리브유를 두르고 마늘, 양송이버섯, 잣을 넣고 2~3
　분 정도 볶는다.
7 주키니와 애호박을 6에 넣고 다시 한 번 살짝 볶는다.
8 7에 깻잎페스토를 넣어 버무리듯 볶는다.
9 그릇에 8을 담은 뒤 리코타와 애플민트를 곁들인다.

애호박과 주키니는 얼음물에 담근다

애호박과 주키니를 얇게 슬라이스하면 수분이 날아가 쉽게 마른다. 데친 뒤 얼
음물에 담가두면 수분이 마르는 것을 방지할 수 있고 더 아삭해진다. 애호박과
주키니의 식감이 물러지는 것을 방지하려면 센불에서 재빠르게 볶아야 한다.

연어현미샐러드
—— salmon and brown rice salad ——

여행을 가면 그 나라의 식품점에서 많은 시간을 보냅니다. 마트나 시장에서 새로운 식재료를 만나면 무척 즐겁지요. 8년 전, 워싱턴에 갔을 때 식품점을 구경했는데 병에 담긴 펜넬절임을 보았어요. 미국식 중국집에서 펜넬튀김도 먹었고요. 당시 서울에서는 펜넬을 찾을 수 없어서 신기했어요. 펜넬은 생선, 고기, 소스, 어디에나 어울리며 모양 그대로 먹는 게 싫다면 채썰어서 현미, 케이퍼와 함께 먹는 것도 좋습니다.

[재료]

연어 150g
현미 50g
펜넬 ½개
올리브유 1½큰술
케이퍼 1큰술
소금 약간
후추 약간
머스터드드레싱
· 올리브유 3큰술
· 머스터드 1큰술
· 화이트와인식초 1큰술
· 레몬즙 1큰술
· 마늘 다진 것 1작은술
· 설탕 1작은술
· 꿀 1작은술

[만드는 법]

1 분량의 재료를 골고루 섞어 머스터드드레싱을 만든 뒤 1시간 이상 숙성시킨다.
2 현미는 깨끗하게 씻어서 찜통에 면포를 깔고 20분 정도 찐 뒤 꺼내서 식힌다.
3 달군 팬에 올리브유 ½큰술을 두르고 현미를 넣어 바삭해질 때까지 10분 정도 볶는다.
4 현미와 케이퍼를 굵게 다진 뒤 섞는다.
5 연어에 남은 올리브유를 바르고 소금과 후추로 간한 뒤 달군 팬에 올려 속까지 익도록 5~7분 정도 노릇하게 굽는다.
6 펜넬은 잎과 몸통을 분리하고 0.7cm 두께로 모양대로 슬라이스한다.
7 접시에 현미와 케이퍼, 연어를 담고 펜넬을 올린다.
8 머스터드드레싱을 뿌린다.

현미는 볶은 뒤 다시 다진다
현미는 식이섬유가 풍부하지만 씹히는 맛이 거칠어서 좋아하지 않는 사람도 많다. 현미를 쪄서 볶은 뒤에 다지면 거친 식감이 줄어들고 고소한 맛이 살아난다.

알감자관자샐러드
—— baby potato and clam salad ——

알감자는 주로 조림으로 즐겨 먹는 재료입니다. 샐러드로 먹는 건 익숙하지 않지요. 언젠가 감자를 잘게 잘라 팬에 바싹 구운 새우와 버무려 먹은 적이 있어요. 촬영하고 남은 식재료로 만들었는데 맛있게 먹었던 기억이 나서 샐러드로 응용했습니다. 풍성한 바질향이 고급스러운 풍미를 더해줍니다.

[재료]

알감자 7개

관자 3개

새싹채소 10g

올리브유 2작은술

버터 1작은술

소금 약간

후추 약간

바질안초비페스토

· 바질잎 30g

· 잣 10g

· 안초비 2개

· 올리브유 2큰술

· 마늘 다진 것 1작은술

· 소금 약간

· 후추 약간

레몬드레싱

· 올리브유 3큰술

· 레몬즙 2큰술

· 레몬제스트 1작은술

· 소금 약간

· 후추 약간

[만드는 법]

1　관자는 씻어서 물기를 제거하고 후추를 뿌린다.

2　분량의 재료를 섞어 레몬드레싱을 만든다.

3　분량의 재료를 믹서에 갈아 바질안초비페스토를 만든다.

4　관자에 레몬드레싱 ⅓을 넣고 버무려 5분간 재운다.

5　달군 팬에 올리브유와 버터를 두르고 관자를 넣어 중불에서 앞뒤로 노릇해질 때까지 1분 정도 굽는다.

6　알감자는 껍질째 씻어서 10~15분 정도 삶은 뒤 길이로 2등분한다.

7　알감자가 뜨거울 때 레몬드레싱 분량의 ⅓, 소금, 후추를 넣고 버무린 뒤 식힌다.

8　7에 새싹채소, 바질안초피페스토를 넣고 골고루 버무린다.

9　관자를 접시에 담고 8을 담은 뒤 남은 레몬드레싱을 뿌린다.

관자는 레몬드레싱으로 재운다

관자는 굽기 전에 미리 레몬드레싱을 살짝 뿌려 5분 정도 재운다. 관자 특유의 비린 맛과 잡내를 없앨 수 있다.

모시조개쪽파샐러드
—— short-necked clam and chives salad ——

파나 쪽파 같은 재료를 이용할 때는 어떻게 잘라야 하나 고민이 되지만 만들다 보면 가장 잘 어울리는 방법을 쉽게 결정할 수 있습니다. 쪽파는 대파보다 맛이 부드럽고 연해서 어떤 음식에나 잘 어울립니다. 여기에 미나리를 넣어 더욱 향긋한 샐러드를 만들었어요. 모시조개와 홍합의 깊은 맛까지 더해지니 맛 또한 풍부합니다.

[재료]

모시조개 8개
홍합 6개
쪽파 40g
미나리 40g
마늘 3알
고추 1개
물 1컵
화이트와인 2/3컵
올리브유 1큰술
통후추 1/2큰술
소금 약간
쪽파드레싱
·화이트와인 1/2컵
·쪽파 다진 것 1큰술
·올리브유 2큰술
·레몬제스트 1/2큰술
·레몬즙 1/2큰술
·마늘 다진 것 2작은술
·백후추 약간

[만드는 법]

1 홍합은 깨끗하게 손질하고 모시조개는 소금물에 담가 2시간 이상 해감한 뒤 깨끗하게 씻는다.

2 냄비에 물과 화이트와인, 올리브유, 마늘, 고추, 통후추를 넣고 끓어오르면 모시조개, 홍합을 넣고 한쪽 방향으로 저어가며 조개 입이 벌어질 때까지 끓인다.

3 국물이 어느 정도 생기면 조개를 건져서 식히고 조갯살을 발라낸다.

4 분량의 재료를 골고루 섞어 쪽파드레싱을 만든다.

5 3에 쪽파드레싱 2/3 분량을 골고루 버무린 뒤 냉장고에 1시간 정도 둔다.

6 쪽파, 미나리는 씻은 뒤 소금을 넣은 끓는 물에 10초 정도 살짝 데친 다음 건져서 식힌다.

7 쪽파와 미나리를 접시에 올리고 5의 조갯살을 올린다.

8 남은 쪽파드레싱을 뿌린다.

모시조개와 홍합은 식힌 뒤 살을 발라낸다
모시조개와 홍합을 끓이다가 국물이 자작하게 우러나면 불을 끄고 식힌다. 식으면서 국물이 조갯살에 배어 더 맛있어진다. 국물을 머금은 살을 발라내 쪽파드레싱에 버무리면 더욱 감칠맛이 있다.

골뱅이흑미샐러드
—— whelk and black rice salad ——

유럽을 여행하면서 처음으로 달팽이 요리를 먹었습니다. 와인과 아코디언 연주를 더하니 맛이 더욱 인상적이었던 것 같아요. 우리가 쉽게 접할 수 있는 골뱅이로 달팽이를 대신해서 그때의 샐러드를 재현했습니다. 보통 술안주로 만드는 골뱅이무침에는 소면이 들어가지만 이 샐러드는 흑미와 레몬드레싱을 더해 색다르게 만들었어요. 골뱅이무침보다 맛있어서 놀랄지도 몰라요!

[재료]

골뱅이 캔 120g
흑미 100g
애호박 ⅓개
양파 ⅓개
올리브유 2큰술
소금 약간
골뱅이양념
· 쌈장 1작은술
· 고춧가루 1작은술
· 참기름 1작은술
· 깨 약간
레몬와인식초드레싱
· 매실청 2큰술
· 레몬즙 1큰술
· 올리브유 ½큰술
· 레드와인식초 1작은술
· 소금 약간
· 후추 약간

[만드는 법]

1 분량의 재료를 골고루 섞어 레몬와인식초드레싱을 만들고 1시간 이상 냉장고에 둔다.

2 흑미는 깨끗하게 씻어 고슬고슬하게 밥을 지은 뒤 얼음물에 한 번 헹군다.

3 애호박은 세로로 2등분해 속을 파내고 1cm 크기로 깍둑썰기한 뒤 소금에 5~10분 정도 절인 다음 물기를 짠다.

4 양파는 애호박과 같은 크기로 자른다.

5 팬을 달군 뒤 올리브유를 두르고 애호박과 양파를 넣어 각각 따로 3~5분 정도 볶는다.

6 분량의 재료를 골고루 섞어 골뱅이양념을 만든다.

7 골뱅이는 끓는 물에 20초 정도 데친 뒤 골뱅이양념에 버무린다.

8 흑미에 레몬와인식초드레싱 ⅔를 넣고 버무린 뒤 그릇에 담고 애호박, 양파를 올리고 골뱅이를 얹는다.

9 남은 레몬와인식초드레싱을 뿌린다.

흑미밥은 얼음물에 한 번 헹군다
흑미는 고들고들하게 밥을 짓고 체에 밭쳐 얼음물에 한 번 헹군다. 밥알을 더 쫀득하게 만들어서 샐러드나 차가운 요리에 곁들일 때 잘 어울린다.

삼겹살묵은지샐러드

—— pork belly and ripen kimchi salad ——

제가 무척 좋아하는 샐러드 중 하나입니다. 한 식당의 메뉴 컨설팅을 할 때 만든 메뉴인데 비록 탈락했지만 먹어본 사람들은 모두 맛있다고 칭찬을 했어요. 그때의 레시피를 조금 변경해서 만들었습니다. 삼겹살은 수육으로 조리해서 담백하지만 상큼한 맛을 더하기 위해 귤 드레싱을 곁들였습니다.

[재료](2인 기준)

묵은지 ½포기
통삼겹살 300g
대파 ½대
양파 ½개
물 3컵
월계수잎 1장
참기름 2작은술
인스턴트커피 ½작은술
와일드루콜라 약간
통후추 약간
귤드레싱
· 귤(소) 2개
· 레몬 ½개
· 참기름 ½작은술
· 소금 약간
· 후추 약간

[만드는 법]

1 분량의 재료를 믹서에 갈아 귤드레싱을 만든다.

2 묵은지는 물에 씻어서 양념을 없앤 뒤 물기를 제거한다.

3 냄비에 물, 통삼겹살, 월계수잎, 인스턴트커피, 대파, 양파, 통후추를 넣어 센불에 15분 정도 끓이다 중불로 줄여 20~25분 정도 삶아 건진다.

4 김이 오른 찜통에 면포를 깔고 묵은지를 얹은 뒤 통삼겹살을 묵은지 위에 올려 15분 정도 찐다.

5 묵은지는 꺼내서 0.2cm 두께로 자르고 참기름에 버무린다.

6 달군 팬에 묵은지를 넣고 5~7분 정도 볶는다.

7 통삼겹살을 충분히 식힌 뒤 0.5cm 두께로 자른다.

8 접시에 통삼겹살을 담고 묵은지를 올린 뒤 귤드레싱, 와일드루콜라를 뿌린다.

묵은지 위에 통삼겹살을 올리고 한 번 더 찐다

묵은지 위에 통삼겹살을 올려 한 번 더 찌면 묵은지의 향이 삼겹살에 배어 특유의 잡내가 덜하다. 또한 삼겹살 기름이 묵은지 밑으로 빠져 더욱 담백해진다. 묵은지에도 삼겹살 기름과 향이 배어 맛이 깊어진다.

감자컵샐러드
—— potato cup salad ——

파티 음식을 만들 때는 핑거푸드가 보기도 좋고 먹기도 편합니다. 그래서 케이터링을 할 때
는 핑거푸드를 자주 만들었는데 즐겨 만들던 핑거푸드를 샐러드로 응용했습니다. 간단하게
들고 먹을 수 있는 샐러드지만 은근히 정성이 필요합니다. 오븐을 사용하지 않는다면 감자를
전처럼 팬에서 굽고 그 위에 토핑 재료를 올리면 됩니다. 또 다른 느낌의 감자샐러드가 완성
됩니다.

[재료]

감자 1개
달걀 1개
버터 3큰술
이탈리안파슬리 다진 것 ½큰술
넛맥 1작은술
고춧가루 약간
소금 약간
크랜베리(장식용) 약간
딜(장식용) 약간
리코타호두드레싱
· 리코타 100g
· 호두 굵게 다진 것 15g
· 아몬드 10g
· 들깨가루 1큰술
· 올리브유 1큰술
· 꿀 2작은술
· 소금 ½작은술
· 후추 약간

[만드는 법]

1 분량의 재료를 골고루 섞어서 들깨리코타호두드레싱을 만든다.

2 감자는 껍질을 벗기고 채칼로 얇게 썬 뒤 찬물에 담가 전분을 제
   거한 다음 키친타월로 물기를 제거한다.

3 감자, 달걀, 이탈리안파슬리, 넛맥, 고춧가루, 소금을 볼에 넣고
   골고루 섞는다.

4 머핀 틀에 버터를 바르고 3의 반죽을 컵 모양으로 틀에 붙인다.

5 4를 200℃로 예열한 오븐에 넣고 25분 정도 굽는다.

6 5를 오븐에서 꺼내 식힌 뒤 리코타호두드레싱을 올린다.

7 크랜베리를 얹고 딜을 뜯어서 올린다.

머핀 틀에 버터를 바르고 감자 반죽을 붙인다
감자를 컵 모양으로 예쁘게 만들려면 먼저 감자를 얇게 채썰어야 한다. 감자는
찬물에 담가 전분기를 없애고 물기를 제거한다. 머핀 틀에 구울 때는 틀에 버터
를 바른 뒤 감자 반죽을 붙여야 구운 뒤에 잘 떨어진다.

아티초크샐러드
—— artichoke salad ——

10여 년 전, 친한 에디터가 예쁜 식재료라며 아티초크를 가지고 작업실에 왔어요. 이제야 고백하자면, 그때는 아티초크를 잘 몰랐습니다. 이제는 그 채소로 샐러드를 만들게 되었네요. 삶아 먹어도 맛있고 구워 먹어도 맛있는 아티초크로 새롭고 근사한 테이블을 완성해보세요.

[재료]

아티초크 1개
페타 200g
밀가루 ½컵
빵가루 ½컵
레몬즙 1큰술
꿀드레싱
· 꿀 ¼컵
· 올리브유 1½큰술
· 화이트와인 1½큰술
· 파슬리 다진 것 1큰술
· 소금 약간
올리브마리네이드
· 블랙올리브 10알
· 그린올리브 10알
· 선드라이드토마토 6개
· 로즈메리 3줄기
· 올리브유 2큰술
· 라임주스 1큰술
· 얼그레이 ½작은술
· 후추 약간

[만드는 법]

1 분량의 재료를 골고루 섞어 꿀드레싱을 만든다.
2 페타는 물기를 제거한 뒤 밀가루와 빵가루를 순서대로 페타 윗면에 살살 뿌린다.
3 올리브를 볼에 담은 뒤 분량의 올리브마리네이드 재료를 넣고 20분 정도 절인다.
4 아티초크는 잎의 끝부분과 겉 부분, 식물대를 잘라내고 잎의 끝부분에 레몬즙을 바른다.
5 냄비에 물을 붓고 아티초크를 넣어 15분 정도 끓인 뒤 잎을 몇 개 뗀다.
6 180℃로 예열한 오븐에 **3**과 아티초크, 페타를 넣어 15분 정도 굽는다.
7 **6**을 그릇에 담고 꿀드레싱을 뿌린다.

아티초크 끝부분에 레몬즙을 바른다
아티초크 잎의 끝부분과 겉을 잘라내고 레몬즙을 바르면 갈변현상을 막아준다. 레몬즙을 바른 뒤 반으로 잘라 솜털 부분에 칼을 넣어 파내면 된다. 아티초크를 고를 때는 밑동이 달려 있고 마르지 않고 상처가 많지 않은 것을 고른다.

광어세비체
—— flatfish savice ——

세비체는 해산물을 얇게 저며서 레몬즙이나 라임즙에 재운 뒤 차갑게 먹는 중남미 대표 음식입니다. 어떤 해산물이나 채소가 들어가는지에 따라 이름이 달라져요. 과정은 복잡한 듯하지만 그다지 어려운 요리는 아닙니다. 세비체양념만 만들면 관자나 새우, 다른 해산물도 가능해요. 보기에도 특별한 이 메뉴로 솜씨를 자랑해보면 어떨까요?

[재료]

광어 140g
셀러리 1대
자몽 ½개
세비체양념
· 적양파 ½개
· 자몽주스 ½컵
· 오렌지주스 ½컵
· 라임주스 ¼컵
· 고수 적당량
레몬퓨레
· 레몬 3개
· 레몬주스 2큰술
· 설탕시럽 ⅔컵
· 물 ½컵
· 올리브유 2큰술
· 소금 약간, 후추 약간
자몽드레싱
· 자몽주스 ½컵
· 레몬주스 1큰술
· 라임주스 1큰술
· 올리브유 1큰술
· 꿀 ½작은술
· 소금 약간, 후추 약간

[만드는 법]

1 적양파와 고수는 깨끗하게 씻은 뒤 잘게 자른다.

2 적양파와 고수, 나머지 세비체양념 재료를 골고루 섞는다.

3 광어는 포를 뜨듯 얇게 저민 뒤 2에 담가 1시간 정도 냉장고에서 숙성시킨다.

4 분량의 재료를 골고루 섞어 자몽드레싱을 만든다.

5 셀러리는 얇게 채썰고 자몽은 속살만 발라내 작게 자른다.

6 레몬은 깨끗하게 씻은 뒤 껍질만 저며서 끓는 물에 넣고 5분 정도 데친다.

7 냄비에 레몬 껍질, 설탕시럽, 물을 넣고 10~15분 정도 약불로 끓인다. 시럽이 졸아들고 껍질이 완전히 부드러워지면 껍질을 건진다.

8 7의 레몬 껍질, 레몬주스, 물 ⅓컵을 블렌더에 넣고 곱게 간다. 올리브유와 소금, 후추를 넣고 섞어서 레몬퓨레를 만든다.

9 셀러리를 접시에 깔고 광어와 레몬퓨레, 자몽을 올린다.

10 자몽드레싱을 뿌린다.

광어는 양념에 버무려 숙성시킨다
광어는 세비체양념에 버무려 1시간 정도 냉장고에서 숙성시킨다. 광어를 숙성시키면 살이 더 부드러워지고 탄력이 생겨 씹는 맛이 좋아진다.

육전생채샐러드

—— beef pancake and raw vegetables salad ——

잔칫상에 빼놓을 수 없는 메뉴가 바로 전입니다. 육전은 특별한 날에 먹는 메뉴로, 채소를 더해 샐러드로 만들면 영양 만점인 식사가 됩니다. 주말에 가족들과 함께 특별한 시간을 만들고 싶을 때 준비해보세요.

[재료](2인 기준)

소고기(부채살) 300g
달걀 2개
밀가루 약간
포도씨유 약간
소고기양념
·간장 2큰술
·설탕 1큰술
·참기름 2작은술
·소금 $\frac{1}{2}$작은술
·후추 약간
무생채
·무 $\frac{1}{2}$개
·식초 2큰술
·설탕 1큰술
·소금 1큰술
·고춧가루 1작은술
채소무침
·영양부추 25g
·적상추 10g
·양파 $\frac{1}{2}$개
·참기름 $\frac{1}{2}$큰술
·고춧가루 1작은술
·까나리액젓 $\frac{1}{2}$작은술
·깨소금 약간

[만드는 법]

1 소고기양념 재료를 골고루 섞은 뒤 소고기에 넣고 1시간 정도 재운다.

2 달걀을 풀고 밀가루, 달걀 순서로 소고기에 옷을 입힌다.

3 달군 팬에 포도씨유를 두르고 **2**를 올려 앞뒤로 뒤집어가며 노릇하게 굽는다.

4 무는 0.5cm 너비, 6~7cm 길이로 채썰고 소금을 넣어 절인 뒤 숨이 약간 죽으면 헹구고 물기를 짠다.

5 **4**에 고춧가루를 넣고 섞은 뒤 설탕, 식초를 넣어 버무린다.

6 영양부추, 적상추는 4cm 길이로 자르고 양파는 채썬 뒤 매운맛이 빠지도록 얼음물에 담갔다 건진다.

7 영양부추, 적상추, 양파를 볼에 담고 참기름, 고춧가루, 까나리액젓, 깨소금을 넣고 버무린다.

8 **5**의 무생채를 **7**에 넣고 버무린다.

9 육전과 **8**을 접시에 담는다.

소고기는 앞뒤로 골고루 굽는다

소고기는 너무 질겨지지 않도록 1분에서 1분 30초 정도 살짝 익힌다. 굽기 전 밀가루를 얇게 입힌 뒤 여분의 가루는 잘 털어내고 달걀물을 입혀야 옷이 두꺼워지지 않고 깔끔하다.

뿌리채소칩
root vegetables chip

"칩이 샐러드가 될 수 있을까?"라는 의문을 가지는 사람도 있겠지만 충분히 샐러드가 될 수 있어요. 어떤 방식으로든 채소를 많이 섭취하면 좋지 않을까요? 치즈딥이나 드레싱을 곁들이는 것도 좋지만 든든한 볼로네제를 곁들이면 더욱 건강합니다. 볼로네제는 남으면 토마토를 넣어 파스타소스로 활용할 수 있어서 더욱 좋아요.

[재료](2인 기준)

고구마 1개
연근 ½개
감자 1개
식용유 3컵
볼로네제
· 소고기 다진 것 300g
· 토마토 2개
· 양파 ½개
· 당근 ½개
· 마늘 2알
· 물 2½컵
· 토마토페이스트 2큰술
· 올리브유 1½큰술
· 버터 1큰술
· 우유 ½컵
· 월계수잎 1장
· 파르메산 간 것 80g
· 그라나파다노 간 것 30g
· 치킨스톡 큐브 1개
· 바질 말린 것 ½큰술
· 파슬리 말린 것 ½큰술
· 오레가노 말린 것 1작은술
· 소금 약간, 후추 약간

[만드는 법]

1 고구마, 연근, 감자는 씻어서 껍질째 얇게 썬 뒤 물기를 제거한다.

2 170℃의 기름에 고구마, 연근, 감자를 넣고 살짝 튀긴 뒤 꺼낸다.

3 고구마, 연근, 감자를 한 번 더 튀겨서 노릇하고 바삭하게 만든다.

4 토마토, 양파, 당근, 마늘은 씻어서 물기를 제거하고 굵게 다진다.

5 달군 냄비에 버터, 올리브유, 양파, 당근, 마늘을 넣고 양파가 투명해질 때까지 볶은 뒤 덜어둔다.

6 5의 냄비에 소고기를 넣고 갈색이 될 때까지 볶는다.

7 6에 덜어둔 채소와 토마토페이스트를 넣고 볶다가 우유를 넣고 끓인다.

8 토마토, 바질, 파슬리, 오레가노를 넣고 계속 끓인다. 수분이 없어지면 치킨스톡과 물을 섞어서 조금씩 넣고 바닥에 눌어붙지 않도록 저어가면서 1시간 정도 중약불로 끓인다.

9 월계수잎과 파르메산을 넣고 1시간 정도 더 끓이고 소금과 후추로 간을 해서 볼로네제를 완성한다.

10 볼로네제를 그릇에 담고 그라나파다노를 듬뿍 올린다.

11 튀긴 뿌리채소칩에 볼로네제를 곁들인다.

뿌리채소는 두 번 튀긴다
뿌리채소를 두 번 튀기면 수분이 날아가 더욱 바삭한 식감을 즐길 수 있다. 채소를 튀기기 전, 수분이 많으면 빨리 눅눅해지므로 물기를 최대한 없애야 한다.

떡채소샐러드
—— rice cake and vegetables salad ——

피시소스팥드레싱이 들어간 샐러드는 조금 낯설게 느껴질 거예요. 저는 팥을 그다지 좋아하지 않았지만 어느새 좋아하게 되어서 이렇게 드레싱까지 만들었네요. 할머니의 깔끔한 음식 솜씨를 물려받은 엄마의 꿀간장소스를 떠올리며 만들었습니다. 떡과 팥은 은근히 잘 어울립니다. 떡으로 샐러드를 만들면 속이 편안하고 든든해서 그 낯선 매력에 빠져버릴 거예요.

[재료]

가래떡 1줄
절편 2개
적치커리 30g
어린 시금치 20g
들기름 ½큰술
소금 약간
호두정과
·호두 50g
·물 2큰술
·설탕 2큰술
·소금 약간
피시소스팥드레싱
·팥 40g
·매실청 2큰술
·홀그레인머스터드 1½큰술
·꿀 ½큰술
·간장 2작은술
·참기름 1작은술
·설탕 ½작은술
·피시소스 1작은술
·식초 1작은술
·레몬즙 1작은술
·깨 ½작은술, 소금 약간

[만드는 법]

1 팥과 소금을 제외한 분량의 피시소스팥드레싱 재료를 골고루 섞는다.

2 끓는 물에 팥과 소금을 넣고 삶다가 씹히는 정도가 되면 불을 끄고 체에 밭쳐 식힌다.

3 1과 2를 골고루 섞는다.

4 적치커리, 어린 시금치는 깨끗하게 씻어 물기를 제거한다.

5 끓는 물에 호두를 살짝 데친 뒤 흐르는 물에 헹구고 물기를 제거한다.

6 달군 팬에 물, 설탕을 넣고 설탕이 완전히 녹을 때까지 약불에서 젓지 않고 끓인다.

7 호두와 소금을 넣고 시럽이 자작해질 때까지 끓인 뒤 넓은 판에 한 알씩 옮겨서 식힌다.

8 가래떡과 절편을 팬에 올린 뒤 들기름을 발라가며 노릇하게 굽는다.

9 접시에 적치커리와 어린 시금치를 깔고 떡, 호두정과를 올리고 피시소스팥드레싱을 뿌린다.

떡은 들기름을 바르며 굽는다
갓 사온 말랑한 떡이 아니라 냉동실에 보관했던 떡은 바로 구울 수 없다. 뜨거운 물에 한 번 데친 뒤 구워야 말랑해진다. 떡에 들기름을 바르면서 구우면 딱딱해지는 것을 방지할 뿐 아니라 고소한 향이 배어 더 맛있다.

감자크로켓과 아란치니
—— potato croquette and arancini ——

아란치니는 밥과 콩, 채소를 섞어 빵가루를 입혀서 튀긴 시칠리아의 전통 음식입니다. 이탈리아와 우리는 비슷한 음식이 많아요. 아란치니도 그렇지요. 주먹밥에 빵가루를 묻혀 튀긴 것 같은 이 메뉴가 참 친근합니다. 중요한 건 토마토소스예요. 보통은 라구소스로 만들지만 저는 토마토잼을 활용했어요. 새콤하면서 깊은 맛이 있어서 튀긴 음식과 잘 어울립니다.

[재료]

감자 1개
밥 80g
펜넬 15g
샬롯 1개
타임 다진 것 1작은술
빵가루 50g
양파 다진 것 20g
밀가루 1½큰술
달걀 2개
식용유 3컵
포도씨유 약간
소금 약간
후추 약간

토마토잼
· 토마토 250g, 설탕 ½컵
· 레몬즙 ⅓큰술,
· 레몬제스트 1개 분량
· 파프리카가루 1작은술
· 통후추 약간, 후추 약간

토마토소스
· 토마토잼 100g
· 토마토페이스트 40g, 물 2큰술

[만드는 법]

1 토마토는 잘게 잘라서 설탕과 버무린 뒤 레몬즙, 레몬제스트, 통후추를 넣어 섞는다.

2 1을 냄비에 넣고 강불로 끓이다가 거품이 생기면 걷어내고 중불로 줄여 5분 정도 더 끓인 뒤 반나절 정도 식힌다.

3 2를 핸드블렌더로 갈고 파프리카가루, 후추를 넣고 섞어 토마토잼을 만든다.

4 냄비에 토마토소스 재료를 넣고 5분 정도 끓인다.

5 펜넬과 샬롯은 씻어서 물기를 제거한 뒤 다진다.

6 달군 팬에 포도씨유를 두르고 양파를 넣어 볶은 뒤 꺼내서 한 김 식힌다.

7 달군 팬에 포도씨유를 두르고 펜넬과 샬롯을 넣고 볶는다.

8 밥, 펜넬, 샬롯을 볼에 넣고 골고루 섞은 뒤 소금, 후추로 간한다.

9 감자는 껍질을 벗겨 4등분한 뒤 끓는 물에 15분 정도 삶은 다음 으깬다. 양파, 타임을 넣고 섞은 뒤 소금, 후추로 간한다.

10 8과 9를 각각 40g씩 단단하고 둥글게 뭉친 다음 밀가루, 푼 달걀, 빵가루의 순으로 옷을 입힌다.

11 식용유를 180℃로 가열한 뒤 10을 넣고 노릇하게 튀긴다.

12 토마토소스를 그릇에 담고 감자크로켓과 아란치니를 얹는다.

감자와 밥은 단단하게 뭉친다
다른 재료와 섞은 감자와 밥은 단단하고 둥글게 뭉친다. 그래야 튀김옷을 잘 입힐 수 있고 둥글고 예쁜 모양으로 튀길 수 있다.

찹스테이크샐러드
—— chopped beef steak salad ——

튀김이나 볶음 요리, 볶음 샐러드에 잘 어울리는 오크라는 여자의 손가락을 닮았다고 해서
'레이디핑거'라고 부르기도 해요. 오크라, 브로콜리니 같은 특수 채소와 소고기로 볶음 샐러
드를 만들었습니다. 맛있게 구운 찹스테이크와 채소의 조합이 환상적인 저탄고지 메뉴입니다.

[재료]

소고기(등심) 100g
오크라 5개
브로콜리니 50g
펜네 40g
올리브유 2½큰술
스테이크시즈닝 1작은술
파르메산 적당량
소금 약간
후추 약간
피시소스고수드레싱
·고수 30g
·샬롯 2개
·레몬즙 2큰술
·피시소스 ½큰술
·소금 약간

[만드는 법]

1 고수, 샬롯은 잘게 다지고 나머지 피시소스고수드레싱 재료를
   넣어 골고루 섞는다.
2 끓는 물에 펜네와 소금을 넣고 10분 정도 삶은 뒤 건진다.
3 오크라는 길이로 2등분한다.
4 소고기는 키친타월로 핏물을 제거한 뒤 올리브유 ½큰술, 스테
   이크시즈닝을 넣고 버무려 15분 정도 재운다.
5 달군 팬에 올리브유 1큰술을 두르고 오크라, 브로콜리니를 넣어
   소금, 후추를 뿌리며 볶는다.
6 소고기를 2~3cm 크기로 깍둑썰기 한 뒤 달군 팬에 올리브유
   1큰술을 두르고 겉면이 익을 때까지 센불에서 3분 정도 볶아주
   듯 굽는다.
7 오크라, 브로콜리니, 펜네를 볼에 담고 피시소스고수드레싱을
   넣어 골고루 버무린다.
8 소고기와 7을 접시에 올리고 슬라이스한 파르메산을 올린다.

볶은 채소를 드레싱에 버무린다
채소를 볶으면 수분이 빠지고 숨이 죽어 맛이 더 부드러워진다. 볶은 채소를
드레싱에 먼저 버무리면 속까지 드레싱이 스며들어 더욱 맛있다.

미트볼샐러드

—— meatballs salad ——

푸드스타일리스트 어시스턴트로 일할 때 배웠던 조리법을 소개합니다. 미트볼이나 햄버그스
테이크를 만들 때도 꼭 활용하는 방법으로 단단하고 모양이 흐트러지지 않게 익힐 수 있습
니다. 그때는 채소국물을 내서 모양을 잡고 겉면을 먼저 익혔는데 육즙이 빠져나가는 것 같
아 다른 방법을 찾았습니다. 요리 시간을 단축시켜주고 모양도 예쁘게 잡아준답니다.

[재료]

겨자잎 적당량
올리브유 2큰술
미트볼
·소고기 다진 것 200g, 양파 ½개
·채소국물 ½컵, 달걀 1개
·빵가루 3큰술, 버터 2작은술
·마늘 다진 것 2작은술, 소금 약간
·후추 약간, 파슬리 다진 것 약간
채소국물
·양파 ½개, 셀러리 1대, 대파 ½대
·당근 ¼개, 월계수잎 1장, 물 3컵
오렌지크림드레싱
·생크림 ½컵, 오렌지주스 1큰술
·홀그레인머스터드 ½작은술
·식초 1큰술, 설탕 2작은술
·소금 ¼작은술, 백후추 약간
블루베리소스
·블루베리(냉동) 200g
·양파 다진 것 3큰술
·마늘 다진 것 1작은술
·파르메산 간 것 1작은술
·파슬리 다진 것 1작은술
·설탕 ½작은술, 소금 약간, 후추 약간

[만드는 법]

1 분량의 오렌지크림드레싱 재료를 믹서에 간 뒤 체에 밭친다.
2 채소국물 재료를 냄비에 담고 중불로 뭉근히 끓이다가 채소가
   투명해지면 건져낸다.
3 소고기는 키친타월로 눌러 핏물을 제거한 뒤 볼에 담는다.
4 양파는 약간 씹힐 정도로 다진 뒤 달군 팬에 올리브유 ½큰술을 두
   르고 소금, 후추로 간하고 양파가 투명해질 때까지 볶은 뒤 식힌다.
5 양파와 소고기를 볼에 담고 달걀, 마늘, 소금, 후추, 파슬리를 넣
   어 섞은 뒤 빵가루로 농도를 맞추며 끈기가 생길 때까지 치댄다.
6 5의 반죽을 4cm 크기로 동그랗게 빚는다. 달군 팬에 올리브유 1
   큰술을 두르고 버터를 넣어 녹인 뒤 미트볼을 넣어 겉면이 약간
   노릇하도록 굴리며 익힌다.
7 미트볼의 겉면이 익으면 채소국물을 붓고 뚜껑을 닫아 5분 정도
   중불로 익힌 뒤 꺼낸다.
8 7의 팬에 올리브유 ½큰술을 두르고 블루베리소스용 양파와 마
   늘을 볶아 향을 낸 뒤 나머지 블루베리소스 재료와 미트볼을 넣
   고 간이 배도록 조린다.
9 겨자잎을 깔고 미트볼을 올린 뒤 오렌지크림드레싱을 뿌린다.

채소국물을 넣어 미트볼을 속까지 익힌다

미트볼을 드레싱과 섞을 때 미트볼이 깨지는 경우가 종종 있다. 미트볼은
80%만 익히고 채소국물을 넣어 다시 익히면 고기의 부드러움도 살리고 단단
하게 익힐 수 있다. 채소국물이 번거롭다면 물로 대신해도 된다.

병아리콩토마토샐러드
—— chickpea and roasted tomato salad ——

직접 만든 녹차페스토는 특별하지는 않지만 샐러드의 맛을 한껏 올려줍니다. 다른 맛과 섞이면 녹차 고유의 맛을 느끼지 못할 수도 있지만 맛을 더욱 부드럽게 만들기 위해 두부크림드레싱을 더해 토마토를 찍어 먹을 수 있게 했습니다.

[재료]

토마토 2개
병아리콩 50g
녹차잎 약간
올리브유 1½큰술
소금 약간
후추 약간
녹차페스토
· 마늘 3개
· 안초비 2개
· 이탈리안파슬리 60g
· 파르메산 간 것 2큰술
· 바질잎 30g
· 녹차잎 불린 것 20g
· 애플민트 20g
· 올리브유 ½컵
· 화이트와인 1큰술
· 식초 1큰술
· 케이퍼 1작은술
· 디종머스터드 1작은술
· 소금 약간, 후추 약간
두부두유드레싱
· 두부 ½모, 두유 1컵
· 생크림 ¼컵, 밀가루 1큰술
· 버터 2작은술, 잣 10g, 소금 약간

[만드는 법]

1 병아리콩은 하루 동안 불린 뒤 물에 소금을 넣고 20분 정도 삶은 다음 물기를 제거한다.

2 토마토에 소금, 후추, 올리브유를 살짝 뿌리고 180℃로 예열한 오븐에서 30~35분 정도 굽는다.

3 분량의 재료를 믹서에 갈아 녹차페스토를 만든다.

4 달군 냄비에 버터를 녹이고 밀가루를 넣어 약간 갈색이 나도록 볶아서 루를 만든다.

5 4를 물기를 짠 두부, 생크림, 잣, 두유와 함께 믹서에 간다.

6 깨끗한 냄비에 5를 담고 5분 정도 끓인 뒤 소금을 넣고 5분 정도 더 끓여 두부두유드레싱을 만든다.

7 달군 팬에 병아리콩, 올리브유, 녹차잎을 넣고 소금과 후춧가루로 간을 한 뒤 5분 정도 볶는다.

8 7의 병아리콩, 녹차페스토, 두부두유드레싱을 그릇에 담고 토마토를 올린다.

병아리콩은 한 번 더 볶는다
삶은 병아리콩은 물기를 뺀 다음 한 번 더 볶아준다. 병아리콩은 담백하고 고소하지만 특유의 퍽퍽한 식감이 있어서 올리브유나 버터 등에 한 번 더 볶으면 고소한 맛이 더해지고 더 부드러워진다.

가지구이샐러드

—— baked eggplant salad ——

오토렝기Ottolenghi 셰프의 스타일을 좋아합니다. 섬세하지는 않아도 건강한 요리거든요. 오토렝기 셰프의 가지밀크버터소스에서 영감을 얻어 샐러드를 만들었어요. 의외의 조합이지만 삼겹살과 가지의 조합을 새롭게 발견하는 계기가 되었습니다.

[재료](2인 기준)

가지 2개
삼겹살 3줄
토마토 1개
양파 ½개
이탈리안파슬리 2줄
베이크빈(캔) 80g
올리브유 1½큰술
밀가루 1큰술
모차렐라 슈레드 20g
소금 약간
후추 약간
사워크림드레싱
· 사워크림 ½컵
· 치폴레소스 3큰술
· 할라피뇨 다진 것 1½큰술

[만드는 법]

1 분량의 재료를 골고루 섞어 사워크림드레싱을 만든다.

2 삼겹살은 잘게 다진 뒤 바싹 굽는다.

3 가지는 길이대로 2등분하고 속을 파낸 뒤 소금을 약간 뿌리고 속에 밀가루를 바른다.

4 가지에 올리브유, 소금, 후추를 뿌린 뒤 200℃로 예열한 오븐에서 15~20분 정도 굽는다.

5 토마토는 씨를 빼서 수분을 제거하고 잘게 자르고 양파와 이탈리안파슬리는 다진다.

6 베이크빈은 체에 걸러 물기를 제거한다.

7 긁어낸 가지 속, 삼겹살, 토마토, 양파, 이탈리안파슬리, 베이크빈을 볼에 넣고 사워크림드레싱과 버무린다.

8 속을 파낸 가지에 **7**을 담고 모차렐라 슈레드를 뿌린다.

9 **8**을 200℃로 예열한 오븐에서 5분 정도 굽는다.

가지 속을 파내고 소금을 뿌린다
가지의 속을 파내고 소금을 뿌리면 가지가 연해진다. 너무 많이 뿌리면 짤 수 있고 가지에 올리는 토핑에도 간이 되어 있기 때문에 소금은 살짝만 뿌린다.

새우구이샐러드
—— roasted shrimp salad ——

양파와 사과를 볶아서 만든 달콤한 드레싱에 버무린 새우구이샐러드는 새우의 맛과 사과의 맛이 조화롭게 어울리는 메뉴입니다. 새우구이샐러드의 주인공은 새우지만 곁들이는 사과양파드레싱을 실패하면 제 맛을 발휘하지 못해요. 사과의 달콤한 맛이 싫다면 타바스코소스나 태국고추를 잘게 썰어서 넣어보세요. 연말 모임이나 파티에 빼놓을 수 없는 메뉴로 자리매김할 거예요.

[재료]

새우 8마리
버터헤드레터스 4장
올리브유 2큰술
버터 2큰술
레몬제스트 1큰술
타임 다진 것 ½큰술
소금 약간
후추 약간
사과양파드레싱
·사과 1개
·양파 ¼개
·물 ½컵
·올리브유 2큰술
·버터 2큰술
·설탕 1작은술
·꿀 1작은술
·레몬즙 1작은술
·시나몬가루 약간
·소금 약간

[만드는 법]

1 새우는 깨끗하게 씻은 뒤 내장을 제거한다.
2 달군 팬에 올리브유 1큰술과 버터 1큰술을 두르고 새우를 넣어 중불에서 노릇해질 때까지 볶은 뒤 타임, 소금, 후추로 간한다.
3 버터헤드레터스는 깨끗이 씻은 뒤 손으로 뜯는다.
4 사과는 깨끗하게 씻어 껍질과 씨를 제거하고 1cm 두께로 자르고 양파는 얇게 슬라이스한다.
5 냄비에 올리브유와 버터를 두르고 사과와 양파를 넣어 볶다가 물, 설탕, 꿀, 소금을 넣어 10분 정도 끓인다.
6 5를 핸드블렌더로 갈고 5분 정도 더 끓이다가 레몬즙과 시나몬가루를 넣어 잘 젓고 불을 끈다.
7 달군 팬에 새우, 올리브유 1큰술, 버터 1큰술, 사과양파드레싱 분량의 ⅔를 넣고 1분 정도 볶은 뒤 접시에 담는다.
8 버터헤드레터스를 담고 레몬제스트를 올린 뒤 남은 사과양파드레싱을 뿌린다.

새우는 한 번 더 볶는다
새우는 살이 단단해서 드레싱이 잘 스며들지 않는다. 완성된 요리에 드레싱을 뿌리기만 하면 맛이 겉돌 수도 있으니 사과양파드레싱을 넣고 한 번 더 볶아야 자연스럽게 드레싱이 스며든다.

키조개찜샐러드
—— steamed pen shell salad ——

토마토처트니만 성공한다면 이 샐러드의 80%는 완성된 것입니다. 이제 찜기에 대파를 깔고
해산물을 넣어 찌기만 하면 됩니다. 은은한 대파의 향이 비릿한 해산물의 냄새까지 잡아주
지요. 이 샐러드를 만들 때마다 크리스마스파티가 떠오릅니다. 키조개찜샐러드와 함께하는
크리스마스는 벌써 행복한 시간일 것 같아 저절로 미소가 지어지네요.

[재료]

키조개 2개
모시조개 150g
그린빈 6줄
대파 3대
마늘 5알
레몬 ½개
소금 약간
토마토처트니
· 토마토 400g
· 적양파 250g
· 홍고추 1개
· 레드와인식초 ⅓컵
· 흑설탕 ⅓컵
· 올리고당 2작은술

[만드는 법]

1 키조개와 모시조개는 물에 넣고 비비면서 씻은 뒤 소금을 넣은
   찬물에 담근 다음 신문지를 덮어서 해감한다.

2 그린빈, 대파, 마늘, 레몬도 깨끗하게 씻는다.

3 대파는 4cm 길이로 자른 뒤 길이대로 반을 자르고 마늘은 편으
   로 자르고 레몬은 반달로 얇게 자른다.

4 찜기에 면포를 깔고 김이 오르면 대파를 깐 뒤 키조개와 모시조
   개를 올리고 그린빈, 마늘, 레몬을 얹어서 찐다.

5 조개가 입을 벌리고 살이 보이면 키조개를 건져 관자를 바른 뒤
   반으로 저민다.

6 토마토는 큼직하게 자르고 적양파는 3cm 크기로 깍둑썬다. 홍
   고추는 반으로 잘라 씨를 제거한다.

7 냄비에 토마토처트니 재료를 넣고 잼보다 살짝 묽은 상태가 될
   때까지 잘 섞으면서 5분 정도 약불로 끓인다.

8 냄비에 4와 5를 담고 10분 정도 중약불로 더 끓인다.

해물은 찜기에 찐다
조개를 삶아서 사용하면 조개의 수분이 빠져나가 맛이 없어진다. 찜기에 올려
서 찌면 수분이 빠져나가지 않아서 조개 본연의 맛을 느낄 수 있다.

미니당근방울양배추샐러드

—— mini carrot and brussels sprout salad ——

바질을 무척 좋아해서 요리에 조금만 넣는 것은 무척 아쉬웠어요. 그래서 만들게 된 저만의
바질올리브드레싱은 어떤 볶음이나 오일드레싱과도 잘 어울린답니다. 이 드레싱에 영양분이
풍부한 방울양배추와 파스닙, 미니당근을 넣어 볶아주니 은은하게 올라오는 바질의 향이 코
끝에 감도는 향긋한 샐러드가 완성되었습니다.

[재료]

방울양배추 6알
미니당근 5개
파스닙 ½개
초리조 5장
버터 2작은술
소금 약간
후추 약간
바질올리브드레싱
·바질잎 1컵
·올리브유 1컵
·마늘 슬라이스한 것 2쪽
·블랙올리브 다진 것 2큰술

[만드는 법]

1 방울양배추는 끓는 물에 소금을 넣어 3~5분 정도 데친다.

2 파스닙은 껍질을 벗겨 미니당근과 비슷한 크기로 자른 뒤 끓는
물에 3분 정도 데치고 체에 밭쳐 물기를 제거한다.

3 달군 팬에 초리조를 넣어 앞뒤로 바싹 구운 뒤 0.5cm 크기로 잘
게 자른다.

4 냄비에 바질, 올리브유를 넣고 끓인 뒤 바질의 향이 올라오면 5
분 정도 더 끓인다.

5 4에 마늘을 넣고 약불에서 5분 정도 더 끓인다.

6 5에서 바질과 마늘을 건지고 블랙올리브를 넣어 중불로 5분 정
도 더 끓인 뒤 식힌다.

7 달군 팬에 6의 바질올리브드레싱과 버터를 넣은 뒤 미니 당근,
방울양배추, 파스닙을 볶고 소금, 후추로 간한다.
＊초리조를 구우면 간이 세지기 때문에 약간 심겁다 싶을 정도로 간을
한다.

8 7에 초리조를 넣어 버무린다.

드레싱으로 채소를 한 번 코팅한다
단단한 채소는 드레싱을 넣고 한 번 볶으면 표면에 코팅이 되어 드레싱을 뿌리
는 것보다 향이 잘 스며든다. 단단한 채소는 뜨거운 물에 살짝 데쳐 물기를 제
거하고 볶으면 조금 더 부드럽게 먹을 수 있다.

과일그래놀라
—— fruit granola ——

직접 만든 그래놀라의 고소한 맛이 구운 과일의 맛을 업그레이드시킵니다. 요구르트나 우유
한 잔을 곁들이면 더욱 풍부한 영양분을 섭취할 수 있는 과일그래놀라입니다. 아침에 눈을
뜨기 싫을 때 이런 한끼가 기다리고 있다면 무척 기분이 좋을 것 같아요. 아이들에게도 건강
하고 든든한 샐러드입니다.

[재료]

자두 2개
블루베리 10알
포도씨유 약간
시나몬시럽
· 설탕 1½컵
· 물 1½컵
· 시나몬스틱 1개
· 꿀 2½큰술
· 생강 슬라이스한 것 8g
그래놀라
· 크랜베리 말린 것 20g
· 호두 20g
· 피스타치오 20g
· 캐슈너트 20g
· 잣 20g
· 피칸 20g
· 땅콩 20g, 아몬드 20g
견과사워크림드레싱
· 견과류 다진 것 20g
· 사워크림 2큰술
· 생크림 1½큰술
· 레몬즙 2작은술
· 설탕 ½작은술

[만드는 법]

1 시나몬시럽 재료를 모두 냄비에 넣고 중약불에서 3분 정도 끓인
   다. 거품을 걷어주며 원래 양의 절반이 될 때까지 끓인다.
2 1의 시나몬시럽이 식으면 생강을 건진다.
3 달군 팬에 그래놀라 재료를 넣어 볶은 뒤 0.3cm 크기로 다진다.
4 다른 팬에 2의 시나몬시럽을 넣고 살짝 끓어오르면 3을 넣어 잘
   섞은 뒤 조리듯 볶는다.
5 오븐 팬 위에 유산지를 깔고 틀을 올린다. 포도씨유를 바른 뒤 4
   를 넣고 모양을 잡는다.
6 주걱으로 편편하게 편 다음 냉동실에서 20분 정도 굳힌다.
7 분량의 재료를 골고루 섞어 견과사워크림드레싱을 만든다.
8 자두는 반으로 잘라 씨를 제거하고 모양대로 6등분하고 블루베
   리는 씻은 뒤 물기를 제거한다.
9 접시에 자두와 블루베리를 올리고 냉동실에서 꺼낸 그래놀라를
   손으로 떼어 올린 뒤 견과사워크림드레싱을 뿌린다.

틀을 이용해 모양을 잡는다
보다 매끈한 그래놀라를 만들고 싶다면 틀을 이용해보자. 틀에 포도씨유를 살
짝 바르면 나중에 부서지지 않고 떼어낼 수 있다. 기름의 종류는 식용유면 어떤
것이나 상관없다. 트레이를 사용할 경우 유산지를 깔고 올려야 한다.

더덕카망베르샐러드

—— deodeok and camembert salad ——

더덕과 카망베르와 블루베리라니! 이 생경한 조합이 어울릴까, 만들면서도 여러 번 망설였어요. 하지만 완성하고 보니 무척 맛있어서 만족스러웠어요. 마치 따로국밥 같다고 할까요? 밥과 국을 말아서 내지 않고 따로 내듯이 각각의 재료를 한 접시에 올려 먹으면 생각하지 않았던 의외의 맛이 납니다. 간식으로, 안주로 다양하게 응용해보세요.

[재료]

카망베르 1개
더덕 2뿌리
베이글 적당량
올리브유 약간
들기름드레싱
· 들기름 2큰술
· 식초 2큰술
· 굴소스 1작은술
· 설탕 1작은술
· 고추냉이 1작은술
블루베리콩포트
· 블루베리 80g
· 설탕 2큰술
· 물 2큰술
· 레몬즙 1작은술

[만드는 법]

1 분량의 재료를 볼에 넣고 골고루 섞어 들기름드레싱을 만든다.

2 베이글은 0.5cm 두께로 둥글게 슬라이스한 뒤 180℃로 예열한 오븐에서 10분 정도 굽는다.

3 냄비에 설탕과 물을 넣고 설탕이 완전 녹을 때까지 끓여서 끈끈한 시럽을 만든다
   *색깔이 생기면 안 된다.

4 3에 블루베리를 넣고 약불에서 3~4분 정도 조린 뒤 레몬즙을 넣어 5분 정도 더 조려서 블루베리콩포트를 만든다.

5 더덕은 껍질을 제거하고 길게 반으로 가른 뒤 6~7cm 길이로 자른 다음 밀대로 두드린다.

6 달군 팬에 올리브유를 두르고 더덕을 넣어 들기름드레싱을 바르면서 앞뒤로 노릇하게 굽는다.

7 카망베르는 가운데 십자로 칼집을 낸 뒤 220℃로 예열한 오븐에서 20분 정도 굽는다.

8 접시에 구운 카망베르와 더덕, 블루베리콩포트, 베이글칩을 올린다.

더덕은 들기름드레싱을 바르며 굽는다

더덕에 들기름드레싱을 한꺼번에 바르면 겉면만 탈 수도 있다. 하지만 들기름드레싱을 바르면서 구우면 속까지 맛이 배고 겉면은 타지 않고 노릇하게 구울 수 있다.

Bonus_ **저장샐러드**

냉장고에 보관하면 오랫동안
먹을 수 있는 저장샐러드입니다.
반찬으로, 사이드디시로, 도시락으로 활용할
수 있는 다양한 저장 메뉴를 소개합니다.

과일마리네이드
—— fruits marinade ——

새콤달콤한 청포도, 쌉싸름한 자몽의 조화가 입맛을 돋우는 샐러드예요. 믹서에 갈아서 먹으면 새콤한 드레싱이 되고 요구르트에 넣어서 아침 식사 대용으로 먹어도 좋은, 기분이 좋아지는 샐러드입니다. 3일 정도 두고 먹을 수 있어요.

[재료]

청포도 ½송이
자몽 1개
귤 2개
양파 다진 것 20g
꿀 3큰술
매실청 2큰술
레몬즙 2큰술
애플민트 약간

[tip]

청포도는 포도알을 가지에서 떼어
낸 뒤 뗀 부분을 칼로 살짝 잘라야
갈변현상이 덜 생긴다. 색깔이 변
하는 것을 막을 수 있어서 시간이
지나도 신선하게 먹을 수 있다.

[만드는 법]

1 꿀, 매실청, 레몬즙, 애플민트를 볼에 넣고 골고루 섞는다.
2 자몽과 귤은 깨끗하게 씻은 뒤 과육만 슬라이스한다.
3 청포도는 알맹이를 떼고 꼭지 부분을 자른다.
4 1과 자몽, 귤, 청포도, 양파를 볼에 넣고 섞는다.
5 소독한 유리병에 넣고 하루 동안 냉장실에서 숙성시킨다.

올리브마리네이드
—— olive marinade ——

파리의 마켓에서 샀던 올리브마리네이드를 재현해보았습니다. 입맛이 없을 때 먹기 좋은 사이드 샐러드로 좋습니다. 씨가 있는 올리브는 짠맛이 더 강하므로 물에 한 번 씻어서 사용하세요. 냉장 보관하면 6일 정도 먹을 수 있어요.

[재료]

그린올리브(씨 없는 것) 10알
블랙올리브(씨 없는 것) 10알
마늘 2알
적양파 ½개
홍고추 ½개
월계수잎 1장
올리브유 1큰술
로즈메리 다진 것 1작은술
타임 다진 것 ½작은술
레몬즙 ½큰술
고수 다진 것 약간

[tip]

홍고추는 씨를 빼지 않으면 매운
맛이 너무 강해져서 올리브의 맛
을 해칠 수 있다. 반드시 씨를 모두
빼고 사용한다.

[만드는 법]

1 마늘은 굵게 다지고 적양파는 가늘게 채썬다.
2 홍고추는 반으로 갈라 씨를 빼고 0.3cm 두께로 어슷썬다.
3 준비한 모든 재료를 볼에 넣고 골고루 섞는다.
4 소독한 유리병에 담아 냉장고에 넣고 2일 이상 숙성시킨다.

새우토마토살사샐러드

—— shrimp tomato salsa salad ——

새우토마토살사샐러드는 할라피뇨의 매콤함, 바질의 신선함, 토마토의 새콤달콤함이 어우러져 풍
미가 좋은 샐러드입니다. 냉장고에 남아 있는 채소를 추가해도 좋습니다. 냉장 보관하면 4일 정도
는 문제 없습니다.

[재료]

칵테일새우 100g
토마토살사
· 토마토 1개
· 적파프리카 ½개
· 청파프리카 ½개
· 적양파 ½개
· 오이 ½개
· 할라피뇨 1개
· 바질잎 20g
· 고수 다진 것 1작은술
· 라임즙(레몬즙) 1큰술
· 올리브유 2큰술
· 케이퍼 ½작은술
· 이탈리안파슬리 1줄
· 소금 약간
· 후추 약간

[tip]

토마토는 씨를 제거한 뒤 다진다.
토마토에 수분이 많으면 드레싱의
농도와 맛을 해칠 수 있다.

[만드는 법]

1 토마토는 씻어서 씨를 제거하고 1cm 크기로 깍둑썬다.
2 파프리카와 적양파는 깨끗하게 씻고 토마토와 같은 크기로 자른다.
3 오이는 껍질을 깨끗하게 씻어 반으로 가른 뒤 씨를 빼고 토마토와 비
   슷한 크기로 자른다.
4 할라피뇨와 케이퍼, 바질, 이탈리안파슬리는 모두 다진다.
5 칵테일새우는 깨끗하게 씻은 뒤 끓는 물에 5초 정도 데쳤다가 건져
   서 식힌다.
6 칵테일새우, 오이와 토마토, 나머지 토마토살사 재료를 볼에 넣고 골
   고루 섞는다.
7 소독한 유리병에 담아 냉장고에 넣고 1일 정도 숙성시킨다.

오이가스파초
—— cucumber gazpacho ——

여름이 되면 한두 번은 해 먹는 오이냉국은 한입 먹는 순간 수저를 내려놓고 그릇째 먹게 되지요.
이 가스파초는 오이냉국을 대신할 서양식 샐러드입니다. 오이를 살짝 절여서 수프와 함께 먹는 색
다른 여름 메뉴지요. 재료를 모두 갈아서 보관하면 3일 정도 먹을 수 있습니다.

[재료]

오이 1개
토마토 2개
적파프리카 30g
적양파 ½개
올리브유 2큰술
화이트와인식초 1큰술
이탈리안파슬리 굵게 다진 것 1작
은술
타바스코 1작은술
물 ¼컵
소금 약간
후추 약간

[tip]

토마토 껍질은 잘 갈리지 않으므
로 껍질을 까서 요리한다. 토마토
에 열을 가하면 영양분이 더 풍부
해지니 일석이조의 효과가 있다.

[만드는 법]

1 오이는 2~3cm 두께로 자른 뒤 다시 2등분한다.
2 오이에 소금을 뿌리고 10분 정도 절인 뒤 손으로 꼭 짠다.
3 적양파는 1cm 크기로 깍둑썰기 한다.
4 팬을 달군 뒤 적파프리카를 넣어 겉면만 살짝 돌려가며 구운 뒤 1cm
   크기로 깍둑썰기 한다.
5 토마토는 십자 모양을 내어 끓는 물에 10초 정도 데쳤다가 건진 뒤
   찬물에 식힌 다음 껍질을 벗기고 씨를 빼고 잘게 썬다.
6 오이를 제외한 모든 재료를 믹서에 넣고 간다.
7 6을 그릇에 담은 뒤 오이를 올린다.

돌나물샐러드

—— sedum sarmentosum salad ——

저장샐러드라고 무조건 오래 보관할 수 있는 것은 아닙니다. 신선한 재료이기에 2~3일 안에는 먹는 것이 가장 좋습니다. 나물로 샐러드를 만든다면 무쳐서 바로 먹는 것이 가장 좋습니다. 재료와 드레싱은 차갑게 보관했다가 먹기 직전에 올려주세요.

[재료]

돌나물 100g
자숙문어 50g
들기름드레싱
· 사과식초 2큰술
· 맛술 ½큰술
· 매실청 ½큰술
· 들기름 2작은술
· 깨 2작은술
· 설탕 1작은술
· 간장 1작은술
· 마늘 다진 것 ½작은술
· 고춧가루 ½작은술
· 소금 약간

[tip]

깨는 수분을 흡수하기 때문에 깨와 나머지 들기름드레싱 재료를 한꺼번에 갈면 잘 갈리지 않는다. 먼저 깨를 적당히 갈고 나머지 재료를 넣으면 쉽게 갈 수 있다.

[만드는 법]

1 돌나물은 찬물에 담갔다 흐르는 물에 씻은 뒤 체에 밭쳐 물기를 거둔다.
2 자숙문어는 흐르는 물에 한 번 씻은 뒤 0.3cm 두께로 얇게 썬다.
3 깨를 믹서에 넣고 70% 정도 간다.
4 3에 나머지 들기름드레싱 재료를 넣고 간다.
5 돌나물, 자숙문어, 들기름드레싱을 볼에 넣고 살살 버무린다.

양송이버섯절임

—— button mushroom pickle ——

바질페스토를 충분히 만들었다면 저장샐러드에 활용해보세요. 바질페스토는 샐러드뿐 아니라 파
스타, 토스트, 샌드위치 등에 다양하게 응용할 수 있어요. 특히 양송이 버섯은 바질페스토와 잘
어울리는 재료입니다. 냉장고에 6일 정도 두고 먹을 수 있습니다.

[재료]

양송이버섯 13개
바질페스토 200g(p.150 만드는
법 참고)
올리브유 2큰술
버터 2작은술
소금 약간
후추 약간

[tip]

양송이버섯 대신 맛타리버섯같이
작고 얇은 버섯을 사용하면 데치지
않고 바로 바질페스토에 넣으면 된
다. 그대로 먹어도 좋고 하루 동안
숙성했다가 먹으면 더욱 맛있다.

[만드는 법]

1 끓는 물에 양송이버섯, 소금을 넣고 3~4분 정도 데친 뒤 물기를 제거
   한다.
2 달군 팬에 올리브유와 버터를 두르고 양송이버섯을 넣어 1분 정도 볶
   다가 소금과 후추로 간한다.
3 바질페스토에 양송이버섯을 섞은 뒤 소독한 병에 담는다.

단호박고구마무스샐러드
—— pumpkin and sweet potato salad ——

너무나 간단하지만 맛은 어디에도 빠지지 않는 샐러드입니다. 부드러워서 아이들이 먹기에 특히 좋은 메뉴지요. 빵 사이에 넣고 즐겨도 좋습니다. 냉장고에 보관하면 3~4일 정도 먹을 수 있어요.

[재료]

단호박 ½개
밤고구마 2개
우유 2큰술
생크림 2큰술
마요네즈 1½큰술
올리고당 2작은술
시나몬가루 약간
소금 약간
후추 약간

[tip]

단호박과 밤고구마는 따뜻할 때 더 잘 으깨진다. 우유와 생크림은 한꺼번에 넣으면 농도 조절이 어려우니 조금씩 넣어가며 농도를 조절한다.

[만드는 법]

1 단호박은 4등분하여 바닥의 초록 면을 아래로 두고 비닐팩에 담은 뒤 물을 약간 넣고 전자레인지에서 5분 정도 익힌다.
2 단호박을 한 김 식힌 뒤 껍질을 벗긴다.
3 밤고구마는 찜기에 20분 정도 쪄서 한 김 식힌 뒤 껍질을 벗긴다.
4 시나몬가루를 제외한 모든 재료를 볼에 넣고 으깬다.
5 시나몬가루를 뿌린다.

콜라비코울슬로
—— kohlrabi coleslaw ——

제주도에서 콜라비를 먹고 너무 달아서 깜짝 놀랐어요. 그 맛에 반해 뭇국도 끓이고 밥도 해 먹고, 다양하게 활용하다가 샐러드도 만들었습니다. 콜라비와 사과로 코울슬로를 만드니 아삭함이 배가되었어요. 브런치, 샌드위치 등 다양한 요리에 곁들여도 좋습니다. 냉장고에 보관하면 3일 정도 먹을 수 있어요.

[재료]
콜라비 70g
양배추 70g
사과 $\frac{1}{2}$개
아몬드 슬라이스한 것 20g
식초 1큰술
설탕 2작은술
소금 $\frac{1}{2}$작은술
마요네즈드레싱
·마요네즈 2큰술
·플레인요구르트 1$\frac{1}{2}$큰술
·타바스코 1큰술
·소금 약간

[tip]
콜라비, 양배추, 사과를 절이면 수분이 덜 생긴다. 그러나 10분 이상 절이면 숨이 죽고 재료의 맛도 강해지므로 주의한다.

[만드는 법]
1 콜라비, 양배추, 사과는 0.5cm 너비, 6cm 길이로 채썰어 볼에 담는다.
2 식초, 설탕, 소금을 1에 넣어 섞고 10분 정도 두었다가 체에 밭친다.
3 달군 팬에 기름을 넣지 않고 아몬드를 넣어 노릇하게 볶은 뒤 굵게 다진다.
4 분량의 재료를 골고루 섞어 마요네즈드레싱을 만든다.
5 2를 접시에 담고 마요네즈드레싱을 뿌린 뒤 아몬드를 올린다.

추억의 샐러드
—— salad of memories ——

어릴 적 엄마가 만들어주던 추억의 샐러드를 재현했습니다. 마요네즈를 듬뿍 넣고 갖가지 채소와 감자를 으깨 만든 부드럽고 고소한 추억의 샐러드! 빵 안에 넣어도 무척 맛있어서 이 샐러드를 만드는 날을 기다렸을 정도였어요. 집에 있는 재료로 손쉽게 만들 수 있으니 추억을 떠올리며 만들어보세요. 냉장고에 보관하면 2~3일 정도 먹을 수 있습니다.

[재료]

양파 ½개
오이 1개
감자 1개
달걀 삶은 것 4개
마요네즈 ½컵
버터 2큰술
생크림 1큰술
설탕 1작은술
소금 1작은술

[tip]

감자를 삶을 때는 물의 양을 잘 맞춰야 한다. 감자를 반 이상 잠기게 하고 강불에서 끓이다가 끓으면 약불로 줄여서 20분 정도 삶는다.

[만드는 법]

1 양파는 얇게 슬라이스해서 물에 15분 정도 담갔다 건진 뒤 물기를 제거한다.
2 오이는 소금으로 껍질을 문질러 깨끗하게 씻은 뒤 모양대로 얇게 슬라이스한다.
3 오이를 볼에 담고 소금을 뿌려 15분 정도 절인 뒤 물에 헹구고 면포에 넣어 물기를 꽉 짠다.
4 감자는 푹 삶아서 껍질을 까고 으깬 뒤 버터를 넣어 골고루 섞는다.
5 흰자와 노른자를 분리해서 노른자는 살살 으깨고 흰자는 다진다.
6 준비한 채소와 달걀, 마요네즈, 생크림, 설탕을 볼에 담고 버무린다.

샐러드

1판 1쇄 2019년 10월 15일
1판 7쇄 2023년　5월 23일

지은이 김유림
편집인 김옥현

사진 심윤석 이해리(studio sim)
스타일링 김효은
디자인 이효진
마케팅 정민호 김도윤 한민아 이민경 안남영 김수현 왕지경 황승현 김혜원 김하연
브랜딩 함유지 함근아 박민재 김희숙 고보미 정승민
저작권 박지영 형소진 최은진 오서영
제작 강신은 김동욱 임현식
제작처 영신사

펴낸곳 (주)문학동네
펴낸이 김소영
출판등록 1993년 10월 22일 제2003-000045호
임프린트 테이스트북스 taste BOOKS

주소 10881 경기도 파주시 회동길 210
문의전화 031)955-2696(마케팅), 031)955-2690(편집)
팩스 031)955-8855
전자우편 editor@munhak.com

ISBN 978-89-546-5804-1 13590